D1929359

Gärtnern leicht und richtig

Werner M. Busch

Bonsai

Bibliografische Information
Der Deutschen Bibliothek
Die Deutsche Bibliothek verzeichnet diese Publikation in der Deutschen Nationalbibliografie; detaillierte bibliografische Daten sind im Internet über http://dnb.ddb.de abrufbar.

Abbildungen auf dem Innentitel:

Innentitel:
Großes Foto:
Zelkoven-Wald in Herbstfärbung.

Einklinker (von links nach rechts):
Wacholder;
Gestaltung Werner Trachsel.

Fächerahorn, Mehrfachstamm.
Bonsai-Werkzeug.

Bildnachweis:

Alle Fotos von Meyer-Horn, außer
S. 15 Bonsai-Club, Deutschland

2. Auflage, Sonderausgabe

© 2003 BLV Verlagsgesellschaft mbH, München

Das Werk einschließlich aller seiner Teile ist urheberrechtlich geschützt. Jede Verwertung außerhalb der engen Grenzen des Urheberrechtsgesetzes ist ohne Zustimmung des Verlags unzulässig und strafbar. Das gilt insbesondere für Vervielfältigungen, Übersetzungen, Mikroverfilmungen und die Einspeicherung undVerarbeitung in elektronischen Systemen.

Umschlaggestaltung:
Anja Masuch, München
Umschlagfoto: Werner M. Busch

Gedruckt auf Primaset 135 g/qm,
chlorfrei gebleicht,
made by Stora Enso,
geliefert von Papier Union

Printed in Germany
ISBN 3-405-16588-1

Mädchenkiefer auf Stein, ca. 8 Jahre.

Was ist ein Bonsai?

Zwar ist im Handel sehr viel unter dem Namen »Bonsai« zu haben doch nach asiatischer Tradition versteht man hierunter einen kleinen, aber alten, von Menschenhand gestalteten Baum, der mit dem Gefäß, in dem er gehalten wird, eine Einheit bildet und dessen Erscheinungsbild an besonders beeindruckende Baumveteranen in der Natur erinnert.
Dies wird durch bestimmte Gestaltungsmaßnahmen, wie zum Beispiel einem gezielten Rückschnitt der Äste, erreicht. Und so wie die Natur in verschiedenen Regionen der Welt unterschiedliche, für eine bestimmte Gegend aber charakteristische Baumformen hervorbringt, so unterschiedlich sind auch Bonsai aus verschiedenen Ländern.
In China wird die Kunst Bäume in Miniaturform zu gestalten »Penjin« genannt. Dort läßt man dem Baum mehr Freiheiten oder gestaltet auch sehr skurile Baumformen. In Japan dagegen sind die verschiedenen Wuchsformen bestimmten Richtlinien unterworfen, die es zu beachten gilt. Hier werden die Bäume auch nach ihrer Größe in Gruppen eingeteilt. In Europa ist weitestgehend das Regelwerk der Japaner übernommen worden. Zwar sind die ersten Bonsai von Chinesen gestaltet worden; das, was wir über Bonsai wissen stammt aber in der

Dreispitzahorn, ca. 30 Jahre; Sammlung F.-J. Thönnessen.

Regel aus Japan. So liegt es nahe, daß europäische Bonsai den japanischen mehr ähneln als den chinesischen. Die japanischen Stilarten finden sich in den Werken der meisten europäischen Bonsai-Gestaltern wieder. Bonsai-Anfängern dienen sie sogar als wichtigste Gestaltungshilfe.
Das Gestalten von Bonsai kann wie das Malen, Bildhauen oder auch das Gedichteschreiben zur Kunst werden, wenn der Gestalter das rein Handwerkliche perfektioniert hat und seine kreativen Fähigkeiten entsprechend gereift sind. Im Unterschied zu anderen Kunstwerken bleibt ein Bonsai jedoch immer in Entwicklung und kann nie vollendet werden.

Warum Bonsai?

Meist ist es zunächst der Reiz des Asiatischen, der Bonsai interessant macht. Später sind es viele Gründe die es mit sich bringen, daß man sich intensiver mit dem Thema befaßt. Allein die Beschäftigung mit Bäumen kann schon sehr befriedigend sein. Man lernt bei Bonsai einen Baum aus einer ganz besonderen Nähe heraus kennen, die auf einem anderen Weg kaum erreicht werden kann. Gleichzeitig beginnt eine größere Beachtung der Natur. Der Wuchs der Bäume wird beobachtet, man versucht die heimischen Baumarten zu erkennen und gewinnt mit der Zeit einen sehr tiefen Einblick in die Gesetze der Natur und die Funktionsweise der Bäume, wie es ohne Bonsai nie geschehen wäre.
Nicht nur in Asien haben Bäume Symbolcharakter. Auch bei uns sind die Bäume mit vielen Mythologien behaftet. Das macht es besonders reizvoll, sich mit ihnen zu beschäftigen. Die kreativen Elemente in Bonsai sind für viele Bonsaigestalter der Hauptgrund, sich dem Thema hinzugeben. Es kann eine Baumform nach eigenen Vorstellungen durch gezielte Eingriffe entstehen. In der Gestaltung des Baumes kann das eigene Verhältnis zur Natur zu Tage kommen. Der Baum kann Kampfkraft oder Harmonie ausdrücken, er kann Üppigkeit oder Verspieltheit zeigen. Häufig wird mit Bonsai auch der Sammlertrieb befriedigt. Dies zeigt sich daran, daß plötzlich kein Platz mehr im Garten, auf dem Balkon oder auf der Fensterbank vorhanden ist, der nicht mit einem Bonsai oder Bonsaianwärter ausgefüllt ist. Hier sollte sich der Bonsai-Liebhaber rechtzeitig fragen, ob er allen Pfleglingen gerecht werden kann. Oft ist es klüger, nach den ersten spontanen Großeinkäufen einige Pflanzen wieder abzugeben, damit die verbleibenden optimal gepflegt und in Form gehalten werden können.

Der Aufbau eines Bonsai

Gliedert man einen Bonsai in seine wichtigen Elemente – Bonsai-Schale, Erdoberfläche, Wurzelansatz, Stamm, Äste, Blätter, Blüten und Früchte – kann man leichter über die Qualität der Pflanzen urteilen.

Bonsai-Schale

Die Bonsai-Schale sollte mit dem Baum eine harmonische Einheit bilden. Das heißt, daß zum Beispiel die Größe des Gefäßes mit der Größe der Baumkronen korrespondieren muß, die Form der Schale sollte zur Baumform passen und die Glasur nicht zu auffällig sein. Ein paar einfache Regeln erleichtern die Auswahl der Schale:

- Die ideale Schale erhält ein Bonsai erst, wenn er weitestgehend ausgereift ist. Bäume, die sich noch im Anfangsstadium ihrer Entwicklung befinden, werden in eine im Verhältnis große und möglichst einfache Schale gepflanzt. Hier entwickelt sich der Baum schneller.
- Bei einem gut entwickelten Bonsai sollte die Höhe der Schale mit der Dicke des Stammfußes übereinstimmen. Eine Ausnahme machen hier die sogenannten Kaskaden-Formen, die immer in besonders hohen Schalen stehen.
- Die Schale wird so breit gewählt, daß der Schalenrand in etwa mit dem Kronenrand abschließt und nicht so breit ist wie der Baum hoch. Ideal ist ein Verhältnis von Schalenbreite zu Baumhöhe von 2:3 oder umgekehrt.
- Die Farben und Muster der Glasur sollten im Baum wiederkehren oder die Farben des Baumes harmonisch ergänzen.
- Zu einem Baum mit weichen Formen wählt man eine runde oder ovale Schale, zu einem Baum mit strengen Formen eine rechteckige.

Die Oberfläche der Pflanzerde

Die Erdoberfläche sollte mit einem dünnen, aber dichten Moospolster bedeckt sein. Wenn Kräuter stehen gelassen werden, dann an bewußt festgelegten Stellen. Lebermoos, ein flächig wachsendes Moos sollte entfernt werden, da es den Gasaustausch der Erde behindert.

Das Moospolster läßt sich in befriedigender Form nur im Freiland erreichen. Im Zimmer ist die Luft in der Regel zu trokken. Hier weicht man auf Ersatzpflanzen, wie Bubikopf *(Soleirolia)*, Bärlappgewächse (Sellaginella), kleine Farne, verschiedene Kleearten und andere aus.

Der Wurzelansatz

Als Wurzelansatz bezeichnet man die Wurzeln, die vom Stammfuß ausgehend sichtbar sind und dann in der Erde verschwinden. Dieses sehr wichtige Gestaltungselement kann nachdrücklich das Alter eines Baumes unterstreichen. Hierbei sollten die möglichst kräftigen Wurzeln sternförmig in die Himmelsrichtungen wachsen. Nur auf Wurzeln, die direkt nach vorne, also dem Betrachter entgegen wachsen, wird bewußt verzichtet. Der Wurzelansatz ist bei jungen Pflanzen noch wenig entwickelt und muß durch gezielte Maßnahmen unterstützt

Vom Stammfuß sollten kräftige Wurzeln ausgehen.

werden. So werden bei jedem Wurzelschnitt die Wurzeln, die unter dem Stamm entspringen regelmäßig entfernt, so daß schließlich nur noch die den Wurzelansatz bildenden Seitenwurzeln übrig bleiben. Weil diese nun alleine den ganzen Baum versorgen müssen werden sie schnell entsprechend dick.

Der Stamm

Der Stamm, das wichtigste Element eines Bonsai, bildet die Grundlage für die Aussagekraft und den Charakter des Baumes. Er sollte an der Basis möglichst dick beginnen, sich nach obenhin gleichmäßig verjüngen und schließlich in einer feinen Spitze enden.
Starke Sprünge in der Stammstärke sollte man vermeiden; manchmal sind sie allerdings auch nicht zu verhindern.
Um eine gleichmäßige Verjüngung zu erreichen, wird ein Stamm im Laufe der ersten Lebensjahre mehrmals stark zurückgeschnitten und ein Seitenast, der nach oben gerichtet wird, übernimmt die Spitze. Mit diesem Rückschnitt wird gleichzeitig die Stammbewegung des späteren Bonsai festgelegt.

Die Äste

Die Form, die Bewegung und Stärke der Äste sollten die Vorgaben des Stammes unterstreichen.
So stehen an einem geraden Stamm auch gerade Äste und an einem leicht bewegten Stamm Äste mit ähnlichen Bewegungen. Auch die Aststärke sollte natürlich wirken.
An einem dicken Stamm erscheinen dünne Äste unreif. Waagerechte bis hängende Äste verstärken den Eindruck von hohem Alter. Außerdem sollten starke Äste unten und dünne an der Spitze sitzen.
Ein gut entwickelter Ast entspringt mit kräftiger Basis dem Stamm und verjüngt sich zum äußeren Kronenbereich in einer feinen Verzweigung. Diese ent-

Lärche in Herbstfärbung; Gestaltung Burghard Stirnberg.

**Rechts: in der Natur gesammeltes Blatt einer Ulme.
Links: Blatt eines Bonsai der gleichen Art.**

wickelt sich mit dem regelmäßigen Rückschnitt der Äste. Mit jedem Schnitt ändert sich ihre Wuchsrichtung. Bei gut aufgebauten Ästen wird der Abstand zwischen zwei Richtungsänderungen von innen nach außen immer kürzer.

Die Blätter

Natürlich sollte die Blattgröße so weit wie möglich der Größe des Bonsai angepaßt sein. Hierbei bleibt man aber immer von den Proportionen zwischen Blattgröße und Baumhöhe, wie sie in der Natur vorkommen, weit entfernt.
In der Regel werden zur Bonsai-Gestaltung Gehölze ausgesucht, die schon von Natur aus kleine Blätter bilden. Die kleinsten Blätter werden meist von Sträuchern entwickelt, während es nur wenige Bäume gibt, die schon von Natur aus kleine Blätter zeigen. Allerdings läßt sich die Blattgröße bei vielen Bäumen, wenn sie als Bonsai gehalten werden, durch gezielte Maßnahmen auf ein Drittel reduzieren.
Eine wichtige Regel lautet: Je feiner die Verzweigung ist, um so kleiner werden die Blätter. Da sich mit jedem Rückschnitt die Verzweigung ganz von selbst verfeinert, werden auch mit zunehemender Zahl von Rückschnitten die Blätter kleiner. Besonders stark verbessert sich die Verzweigung nach einem sogenannten Blattschnitt. Hierbei werden alle oder ein Teil der Blätter bis auf den Blattstiel abgeschnitten. Die Knospen, die in jeder Blattachse sitzen, treiben nun aus und jede entwikkelt sich zu einem Ast. Nach wenigen Wochen ist überall dort, wo ein Blatt saß, ein neuer Ast entstanden, der kleinere Blätter trägt. Da ein Blattschnitt die Reserven des Baumes stark angreift, kann im gleichen Jahr nicht mit einem größeren Dikkenwachstum gerechnet werden. Deshalb sollte die Blattgröße nur bei weit ausgereiften Bäumen eine Rolle spielen. Bei Pflanzen, die sich in der Entwicklung befinden, ist ein starkes Dickenwachstum und der schnelle Aufbau kräftiger Äste wichtiger. Deshalb wird bei diesen auf einen Blattschnitt verzichtet.

Die Blüten

Das Blühverhalten ein und der selben Pflanze variiert von Jahr zu Jahr. Es ist abhängig von der Art, vom Gesundheitszustand und vom Alter des Baumes. Es wird aber auch vom Wetter, vom Bodenklima und vom Nährstoffgehalt der Erde beeinflußt.
In der Regel ist die Blüte beim Bonsai nicht kleiner als in der Natur, so daß die Proportionen hier stark verschoben sind. Werden Pflanzen wegen ihrer Blüte als Bonsai gehalten, sucht man sich also solche aus, die von Natur aus kleine Blüten besitzen.
Viele Bäume, wie zum Beispiel die Ulme oder die Buche, blühen sehr unscheinbar, so daß die Blüte keinen besonderen gestalterischen Wert darstellt. Bei anderen Gehölzen macht die Blüte den Hauptteil ihrer Attraktivität aus. Dazu zählen die Azalee, der Granatapfel

oder der Apfelbaum. Aber auch hier sollte im Anfangsstadium die Gestaltung der Blüte zunächst eine untergeordnete Rolle spielen und hauptsächlich auf die Weiterentwicklung der Form Wert gelegt werden.
Da sich Blüte und Formentwicklung oft gegenseitig ausschließen, ist beides nur zu haben, wenn man Kompromisse in der Gestaltung eingeht. Beim Granatapfel muß zum Beispiel ein überlanger Austrieb akzeptiert werden, da die Blüte erst am Triebende erscheint. Die Blühfreudigkeit kann unter anderem durch den Zeitpunkt und die Art der Düngung beeinflußt werden.

Die Frucht

Auch Früchte können einen Bonsai zeitweise stark aufwerten. Außerdem sorgen sie für Abwechslung im Erscheinungsbild. Da die Entwicklung von Früchten die Pflanze eine Menge Energie kostet, läßt man nur die Früchte zur Reife gelangen, die von gestalterischem Wert sind. So können Beerenfrüchte zum großen Teil am Baum belassen werden. Der Apfelbaum wirft dagegen die Früchte, die ihm zu viel sind, von selbst ab. Anderen Bäumen, deren Früchte zu unscheinbar sind, wie Azalee oder Aprikose, oder deren Früchte zu groß werden, wie bei der Quitte, entfernt man die Fruchtansätze wenigstens teilweise. Auch Bäumen, die sich in der Entwicklung befinden, sollten die Früchte entfernt werden, da ein Baum, der reichlich Früchte trägt, kaum noch Zuwachs zeigt und auch das Dickenwachstum zu wünschen übrig läßt.

Apfelbaum, ca. 15 Jahre; Sammlung Johannes Caspary.

Die japanischen Stilarten

Ein Bonsai soll aussehen wie ein alter Baum – allerdings in Miniaturform. Die Miniaturform ist leicht durch regelmäßiges Zurückschneiden zu erreichen. Schwieriger ist es, der Pflanze dabei das Erscheinungsbild eines alten Baumes beizubringen. Soll dies gelingen, müssen die Wuchsformen alter Bäume in der Natur studiert und ihre Eigenarten festgehalten werden. In Japan wurde dies sehr intensiv über Jahrhunderte getan und es wurden verschiedene Wuchsformen stilisiert. So entwickelten sich die sogenannten Stilarten, eine Einteilung der Wuchsformen in Gruppen, die bestimmte Kriterien gemeinsam haben.
Die Kenntnis dieser Stilarten kann eine wichtige Hilfestellung bei eigenen Gestaltungsversuchen, aber auch beim Kauf eines Miniaturbaumes oder beim Besuch einer Bonsai-Ausstellung sein.

Die aufrechte Form

Bei der aufrechten Form bildet der Stamm eine von der Wurzel bis zur Baumspitze durchgehende Hauptachse. Wird der Baum von der hier besonders deutlichen Vorderseite aus betrachtet, sind die Äste von unten nach oben abwechselnd links und rechts angeordnet. Keine zwei Äste entspringen an der gleichen Stelle des Stammes. Erst im oberen Drittel des Baumes wachsen auch Äste direkt nach vorne. Nach hinten kann die Krone dagegen zuwachsen. Alle Äste sind meist waagerecht oder leicht hängend ausgerichtet.

Die streng aufrechte Form zeichnet sich durch einen geraden Stamm aus, wohingegen bei der frei aufrechten Form der Stamm mehr oder weniger starke Krümmungen (Bewegungen) aufweist. Oft ist der Stamm auch s-förmig gebogen. Die Hauptäste sollten stets an der Außenseite einer Knickstelle wachsen. Die aufrechte Form paßt gut zu Nadelbäumen. Aber auch Laubbäume werden oft in dieser Stilart gehalten.

Die Kugel- oder Besenform

Bei der Besenform geht der Stamm nicht bis zur Spitze durch, sondern teilt sich ab einem bestimmten Punkt in drei bis viele möglichst gleichberechtigte Äste, die in alle Himmelsrichtungen wachsen. In dieser Form werden fast nur Laubbäume gestaltet. Von der Vorderseite aus sollte ein Teil der Hauptäste mindestens stellenweise sichtbar bleiben und nicht vom Laub bedeckt sein. Das grobe Erscheinungsbild im belaubten Zustand ist eine kugelige, ovale, oder schirmförmige Krone auf einem nicht zu

hohen Stamm. Die wirkliche Struktur der Äste und den Grad der Verzweigung sieht man im Winter erst deutlich, wenn das Laub abgeworfen ist.

Der geneigte Stamm

Bei dieser Stilform ist der Stamm mehr oder weniger stark zur Seite geneigt. Sie wirkt nur natürlich, wenn trotz Stammneigung die Wurzeln an der Stammbasis in einer Ebene angeordnet sind. Die Hauptäste sind waagerecht oder leicht hängend ausgerichtet.

Die windgepeitschte Form

Bei der windgepeitschten Form handelt es sich um einen geneigten Stamm, dessen Äste alle in eine Richtung streben.

Solche Wuchsformen findet man in der Natur in Küstennähe, wo starker Wind großen Einfluß auf die Entwicklung der Bäume nimmt.

Der Doppelstamm

Als Stoppelstamm bezeichnet man eine Stilart, bei der zwei, meist aufrechte Stämme einer Wurzel entspringen, wobei der eine Stamm deutlich höher und dicker als der andere sein sollte. Die Äste der beiden Stämme bilden eine gemeinsame Krone.

Der Mehrfachstamm

Beim Mehrfachstamm wachsen aus einer Wurzel drei und mehr Stämme. Traditionell wird hier eine ungerade Anzahl bevorzugt. Die Stämme sollten unterschiedlich hoch und dick sein. Es wirkt besonders natürlich, wenn die höheren Stämme auch gleichzeitig die dickeren sind. Die Äste bilden auch bei dieser Form eine gemeinsame Krone.

Die Floßform

Bei der Floßform wachsen mehrere Stämme aus einem liegenden Hauptstamm. Dieser ragt nur teilweise aus der Erde heraus.

Solche Wuchsformen entstehen in der Natur, wenn ein Baum zum Beispiel durch widrige Witterungsumstände umstürzt, aber nicht entwurzelt wird und die dann nach obengerichteten Äste sich zu eigenständigen Bäumen entwickeln. Bei dieser Stilart bilden die Äste der einzelnen Bäume oft eigenständige Kronen.

Die Waldform

Hier sind mehrere Einzelbäume in eine große flachen Schale zu einem Miniaturwald zusammengepflanzt. Die Bäume sollten unterschiedlich alt und die höheren auch gleichzeitig die dickeren sein. Die Gestaltung wirkt nur natürlich, wenn die Abstände zwischen den Bäumen unterschiedlich sind und die Pfanzen nicht in Reihen stehen. Von vorne kann der Betrachter in den Wald hineinsehen. Hier sollten sich die Stämme nicht gegenseitig verdecken. Nach hinten kann das Wäldchen zuwachsen. Um eine gewisse Tiefenwirkung zu erreichen, werden die dünneren Bäume nach hinten und die kräftigeren nach vorn gepflanzt.

Die Kaskade

Bei der Kaskadenform ist die Stammspitze nicht der höchste Punkt des Baumes; sie ist vielmehr nach unten gerichtet. Bei der echten Kaskade ist die Stammspitze sogar unterhalb des Schalenbodens angeordnet.

Die Kaskade fällt außerdem noch durch ihr relativ hohes Gefäß auf. Dies ist als optisches aber auch physikalisches Gegengewicht notwendig. Diese Stilart kommt in vielen Variationen vor.
Solche Wuchsformen entstehen in der Natur hauptsächlich an Steilhängen im Hochgebirge, wo die Wuchsrichtung einmal durch schwere Schneelast im Winter und zum anderen durch starken Wind nach unten gelenkt wird.

Die Felsenformen

Der Baum auf dem Stein

Hier ist ein im Verhältnis kleiner Baum auf einen relativ großen Stein gepflanzt. Die Wurzeln sitzen in einer Vertiefung oder einem Loch des Steines. Der Stein steht in einer mit Wasser gefüllten Schale. Durch Kapillarkräfte steigt das Wasser im Stein nach oben bis zum Pflanzloch und kann hier vom Baum aufgenommen werden.

Der Baum über dem Stein

Bei dieser Stilart wachsen die Wurzeln eines Baumes über einen im Verhältnis kleinen Stein und enden schließlich in der Erde. Der Baum über dem Stein wird in einer normalen Bonsaischale gehalten.

Die Literatenform

Diese außergewöhnliche Stilart zeichnet sich durch Bäume mit extrem hohen, schlanken aber interessant bewegten Stämmen aus, die nur wenige Äste tragen. Es heißt, daß die Form dieser Bäume japanischen Schriftzeichen nachempfunden und der Kalligrafie entliehen sind.

Die japanischen Stilarten können als Gestaltungshilfe dienen. Die individuellen Eigenschaften der zu gestaltenden Pflanze verlangen allerdings häufig nach Gestaltungskompromissen. Solche nicht »idealen« Gestaltungen machen nicht selten den besonderen Reiz eines Bonsai aus.

Der richtige Standort

Soll der richtige Standort für einen Bonsai gesucht werden, muß man sich zunächst über die Herkunft der betreffenden Baumart informieren. Man kann ganz grob die Gehölze in drei Gruppen einteilen:
Zum einen die Bäume, die das ganze Jahr hindurch im Freien gehalten werden. Hierzu zählen die europäischen Baumarten, aus Nordamerika stammende Pflanzen und alle aus Japan importierten Bonsai.
Auf der anderen Seite stehen die Bäume, die mindestens zu bestimmten Zeiten höhere Temperaturen benötigen als sie bei uns im Freiland herrschen. Diese Pflanzen teilt man in zwei Gruppen: Die »Kalthauspflanzen« sind Gehölze, die im Winter kalt, aber frostfrei stehen sollten. Sie stammen aus dem Mittelmeerraum oder aus subtropischen Klimabereichen. Die »Warmhauspflanzen« dagegen müssen ständig warm gehalten werden, auch im Winter. Sie kommen aus tropischen Regionen.

Winterlinde, ca. 13 Jahre, Höhe ca. 50 cm.

Der Freiland-Bonsai

Die Freiland-Bonsai stehen im Gegensatz zu den Zimmer-Bonsai in ihrem natürlichen Klimabereich. Besonders die Luftfeuchtigkeit und die Temperatur brauchen nicht korrigiert zu werden. Sonne und ständige Luftbewegung sorgen dafür, daß die Blätter sehr kräftig und widerstandsfähig werden und weniger leicht angreifbar sind als geschützt stehende Pflanzen. Dies ist auch notwenig, da die gleichen Baumarten rings herum in der Natur wachsen und von einer Vielzahl Insekten und Lebewesen bewohnt, angefressen und angesaugt werden. Diese verschmähen auch einen Bonsai nicht, wenn er nur genügend zartes Laub besitzt. Die Freilandbäume sind darauf eingestellt und werden, wenn sie optimal gepflegt sind, mit den meisten Schädlingen alleine fertig. Ausnahmen sind zum Beispiel Spinnmilben.
Es gibt Freiland-Bonsai, die den ganzen Tag in der Sonne stehen können, zum Beispiel Kiefern oder Eichen, und andere, die lieber schattiger stehen wollen, wie die Buche oder die Azalee.

Der Zimmer-Bonsai

Bonsai, die bei uns in der Wohnung gehalten werden können, stehen in ihrer Heimat natürlich auch im Freien. Unser Zimmerklima stimmt meist nur mit der Temperatur in ihrer Heimat

Granatapfel, ca. 10 Jahre; Sammlung Nikos Amanatidis.

überein. Dies akzeptieren ohne weiteres nur verschiedene Feigen-Arten *(Ficus)* und einige andere Sukkulenten. Die meisten tropischen Arten benötigen eine höhere Luftfeuchtigkeit, ein größeres Lichtangebot und mehr Luftbewegung als normalerweise in der Wohnung vorkommen.

Sollen optimale Bedingungen erreicht werden, müssen diese Faktoren korrigiert werden. Die Luftfeuchtigkeit läßt sich erhöhen, in dem der Bonsai auf ein Tablett gestellt wird, das mit Hydrogranulat oder grobem Kies gefüllt und immer voll Wasser gehalten wird. Die Bonsai-Schale darf allerdings keinen Kontakt zum Wasser haben, weil sonst die Pflanzerde immer zu naß wäre. Da das Wasser nun ständig verdunstet, ist die Luft direkt um den Baum besonders feucht.

Ob die zur Verfügung stehende Lichtmenge erhöht werden muß zeigt der Bonsai durch sein Wachstum an. Sind nämlich die Blattabstände der neuen Triebe größer als an den Ästen, die vor dem Erwerb des Baumes gewachsen waren, benötigt er mehr Licht. Steht kein heller Platz zur Verfügung, muß dies durch spezielle Pflanzenlampen ausgeglichen werden. Sie strahlen besonders Licht der Wellenlängen ab, die von der Pflanze genutzt werden können.

Bäume, die in der Wohnung besonders zartes Laub bilden, wie die Sageretie oder der Granatapfel, sollten zusätzlicher Luftbewegung durch einen Ventilator ausgesetzt werden. Dieser könnte täglich über eine Zeitschaltuhr für ein paar Stunden eingeschaltet werden.

Während Warmhauspflanzen das ganze Jahr hindurch am gleichen Platz stehenbleiben können, sollten die Kalthauspflanzen den Winter in einem ungeheizten Raum verbringen. Meist reicht es, wenn die Temperaturen nicht über 18 °C ansteigen. Sie können aber auch Kälte bis in die Nähe von 0 °C ertragen.

Alle Zimmerbonsai können im Sommer auch im Freiland stehen. An direkte Sonne müssen sie allerdings erst gewöhnt werden, da sie sonst einen Sonnenbrand erleiden.

Das Gießwasser

Links: Die Bonsai-Gießkanne erzeugt einen oberflächenschonenden Wasserschwall. Rechts: »Gießbälle« zum Gießen einzelner Bäume.

Oft scheint das Gießen ein Problem zu sein, weil sehr unterschiedliche Gerüchte darüber im Umlauf sind. Die einfachste Regel lautet: Sobald die Oberfläche der Pflanzerde trocken geworden ist, kann der Baum gewässert werden. Wie dies geschieht ist den meisten Bäumen egal. Man sollte so wässern, wie es für den Bonsai-Liebhaber am einfachsten ist. Entweder taucht man den Ballen mit Schale kurze Zeit unter Wasser oder man gießt den Bonsai wie andere Pflanzen auch.

Beim Tauchen wird der Ballen komplett naß. Gleichzeitig hält das Wasser länger vor. Frisch umgepflanzte Bonsai und solche in besonders hohen Schalen werden allerdings besser gegossen, weil die Pflanzerde sonst zu lange zu naß bleibt, und die Wurzeln eventuell nicht genügend mit Sauerstoff versorgt werden.

Wasser dient der Pflanze als Nährstoff, als Transportmittel für Nährsalze von der Wurzel bis zum Blatt und für Zucker vom Blatt bis zur Wurzel, es stabilisiert die Pflanzenzellen durch den Aufbau eines Innendruckes und es dient der Pflanze durch Transpiration zur Abkühlung.

Die Wasseraufnahme der Wurzeln ist nur durch unterschiedliche Salzkonzentrationen innerhalb und außerhalb der Pflanze möglich. Wasser fließt immer in Richtung der höheren Salzkonzentration. Um Wasser aufnehmen zu können, reichern Pflanzen in ihren Zellen Salze an. Je größer das Konzentrationsgefälle zwischen Pflanzsubstrat und Pflanzenzelle ist, umso leichter kann Wasser aufgenommen werden.

Je höher der Salzgehalt der Erde wird, um so schwieriger wird es für die Pflanze, Wasser aufzunehmen, da dieser in der Zelle ein gewisses Maß nicht übersteigen kann, ohne daß sie geschädigt wird.

Der Salzgehalt des Pflanzsubstrates wird weitgehend von der Qualität des Gießwassers bestimmt. Wasser mit hohem Salzgehalt erhöht auch den Salzgehalt des Pflanzsubstrates. Aber auch die Salze, die in salzärmerem Wasser gelöst sind, können durch Verdunstung des Wassers über die Erdoberfläche, was besonders stark bei intensiver Sonneneinstrahlung geschieht, den Salzgehalt der Erde erhöhen, da diese im Substrat zurückbleiben.

Außerdem wirkt sich im trockenen Substrat ein hoher Salzgehalt stärker aus als in einem feuchten.

Eine Anreicherung der Salze im Boden läßt sich durch Verwendung von salzarmem Gießwasser (nicht über 300 mg Salz pro Liter) vermeiden, das in regelmäßigen Abständen so reichlich gegossen wird, daß ein Großteil wieder abfließen kann und so überschüssige Salze ausgeschwemmt werden.

Salzarm ist zum Beispiel Regenwasser (50–100 mg/l) und destilliertes oder entionisiertes Wasser. Regenwasser ist meist das beste Gießwasser und sollte gerade während der heißen Jahreszeit in ausreichenden Mengen bevorratet werden. Für Gartenbesitzer ist dies kein Problem. Ist nur ein Balkon vorhanden kann die Regenrinne angezapft und ebenfalls ein Regenfaß aufgestellt werden.

Zum Anzapfen von Regenrinnen werden in Baumärkten spezielle Einsätze angeboten, die leicht anzubringen sind. Trotzdem ist während regenarmer Zeiten der Vorrat irgendwann aufgebraucht, so daß auf anderes Wasser zurückgegriffen werden muß. Der Salzgehalt von Brunnenwasser kann sehr unterschiedlich sein und auch jahreszeitlichen Schwankungen unterliegen. Leitungswasser enthält je nach Art der Wassergewinnung ebenfalls sehr verschiedene Mengen Salze, die allerdings im Laufe des Jahres konstant bleiben. Hartes Wasser enthält hohe Salzkonzentrationen, weiches Wasser dagegen geringere. Der Härtegrad des Leitungswassers kann bei den Wasserwerken erfragt werden. Die Gesamthärte, sollte nicht über 15 °dH liegen. Der Karbonatanteil an der Gesamthärte läßt sich durch Kochen oder Stehenlassen verringern. Steht hauptsächlich Wasser mit hohen Salzgehalten zur Verfügung, kann dieses auch mit salzarmem Wasser gemischt werden.

Apfelbaum, Alter ca. 15 Jahre; Sammlung Petra Nießen.

Die Pflanzerde

Bonsai werden im Verhältnis zu anderen in Kultur befindlichen Pflanzen in einem extrem kleinen Gefäß gehalten. Diesem Umstand muß in der Beschaffenheit des Substrates Rechnung getragen werden.
Da kaum ein Baum Staunässe verträgt, muß die Pflanzerde für Wasser gut durchlässig sein, damit überschüssiges Gießwasser oder Regen schnell durch die Abzugslöcher der Bonsai-Schale wieder abfließen kann.
Ein Pflanzsubstrat muß einem Baum ein möglichst gleichbleibendes Bodenklima ermöglichen. Wegen des kleinen Erdvolumens ist dieses starken Schwankungen ausgesetzt, wenn nicht ein großes Puffervermögen des Substrates vorliegt.

Von gewisser Bedeutung für das Wohlbefinden der meisten Bäume ist der pH-Wert der Erde. Dieser ist ein Maß für den Gehalt an Wasserstoffionen (H^+). Er ist für die Verfügbarkeit anderer Ionen für die Pflanze maßgebend und beeinflußt andere chemischen Reaktionen und das Leben der Mikroflora im Boden.
Bei niedrigem pH-Wert liegt ein »saurer« Boden vor. Der neutrale Bereich liegt bei pH 7, pH-Werte über 7 werden als alkalisch bezeichnt.
Es gibt einige Pflanzen, die auf einen bestimmten pH-Wert im Boden angewiesen sind. Die meisten allerdings tolerieren einen breiten pH-Bereich.
Die meisten Bäume gedeihen gut bei pH 5 bis 6. Werden von den Bäumen andere Werte gewünscht, wird hierauf im speziellen Teil des Buches hingewiesen.
Bonsai Erde ist in der Regel eine Mischung aus verschieden Bestandteilen.
Lehm ist in der Lage, viel Wasser zu speichern und nur langsam wieder an den Baum abzugeben. Dadurch steht der Baum direkt nach dem Gießen nicht lange im Wasser. Die kurzfristig verfügbaren Reserven sind aber relativ hoch.
Ähnlich verhält es sich mit dem Salzgehalt des Substrates. Nach dem Düngen mit mineralischen Nährstoffen ist der Boden stark mit Salzen angereichert. Lehm bindet einen großen Teil der in ionischer Form vorliegenden Nährsalze und tauscht sie gegen andere Ionen, die die Wurzeln abgeben, wieder ein.
Phosphat wird in größeren Mengen dauerhaft vom Lehm gebunden. Deshalb muß bei hohem Lehmanteil im Boden der Dünger entsprechend viel Phosphat enthalten.
Da normaler Lehm aus feinsten Teilchen besteht und lehmige Erde deshalb sehr schnell verdichtet, verwendet man bei Bonsai ein Lehm-Granulat, das in der Regel aus Japan importiert wird (= AKADAMA). Es behält seine Körnigkeit für lange Zeit bei.

Die verschiedenen Bestandteile der Bonsai-Erde: a) Sand, b) Lavagranulat (AKADAMA), c) Lehmgranulat, d) feiner Kies, e) Pikiererde.

Torf besteht hauptsächlich aus organischem Material, mit hohem Wasseraufnahmevermögen. Da es in Mooren abgebaut wird und diese bei uns immer seltener werden, wird seit einigen Jahren versucht, keinen oder nur noch wenig Torf als Pflanzsubstrat zu verwenden.

Sand erhöht die Wasserdurchlässigkeit torfhaltiger und anderer Substrate. Gleichzeitig hält er für die Pflanze leicht verfügbares Wasser im Substrat.

Bei **Pikiererde** handelt es sich um ein nährstoffarmes Pflanzsubstrat, daß in den meisten Fällen aus einer Mischung von Torf oder Torfersatzstoffen und Sand besteht. Wegen seiner guten Wasserdurchlässigkeit und gleichzeitigem Wasserspeicherungsvermögen ist es ein idealer Bestandteil von Bonsaierde.

Lavagranulat erhöht den Luftanteil in der Erde und fördert damit den Gasaustausch im Substrat. Gleichzeitig ist es in der Lage, größere Mengen Wasser zu speichern. Außerdem erhöht es den Gehalt an Spurenelementen im Substrat.

Kies erhöht die Drainageeigenschaften, also die Wasserdurchlässigkeit des Substrates.

Bei jungen Pflanzen tauscht man das Substrat jedes Jahr, bei älteren Bonsai alle zwei bis vier Jahre aus. Die beste Zeit hierzu ist das Frühjahr.

Dreispitzahorn, Höhe 50 cm, ca. 15 Jahre.

Dünger

Mit der Nährstoffversorgung wird die Entwicklung eines Bonsai im Laufe des Jahres in starkem Maße beeinflußt. Es liegt nahe, daß deshalb die Art der Düngung so gewählt werden sollte, daß ein optimales Ergebnis erreicht wird. Bonsai-Freunde mit wenig Erfahrung verwenden am besten organischen Dünger, da hier bei Überdosierung keine Salzschäden zu erwarten sind. Während Zimmerpflanzen zwar mit wechselnder Häufigkeit, aber das ganze Jahr hindurch gedüngt werden, erhalten Freilandbonsai nur während der Wachstumszeit Nährstoffe.

Wichtige Pflanzennährstoffe

Die wichtigsten Nährstoffe sind Stickstoff (N), Phospat (P), Kalium (K), Magnesium (Mg) und verschiedene Spurenelemente.
Stickstoff wird für alle Wachstumsprozesse der Pflanzen benötigt. Diese können über die für die Pflanzen verfügbare Stickstoffmenge gesteuert werden: Steht viel Stickstoff zur Verfügung ist ein starkes Wachstum zu erwarten, wenig Stickstoff führt zu geringem Wachstum. Hohe Stickstoffgaben sollten immer in einem ausgewogenen Verhältnis zu den anderen Nährstoffen verabreicht werden, da der Zuwachs sonst nicht widerstandsfähig – z.B. gegen Schädlinge – ist.
Phospat erfüllt wichtige Aufgaben im Energiehaushalt der Pflanzen. Je höher der Lehmanteil in der Bonsai-Erde, um so höher sollte der Phosphatgehalt des Düngers sein, da lehmige Böden Phosphat binden, der dann der Pflanze nicht mehr zur Verfügung steht. Blüten und Fruchtbildung werden durch reichliche Phosphatgaben gefördert.
Kalium, das kein Pflanzenbaustein ist, fördert die Holzentwicklung und damit die Frostresistenz. Außerdem steigert es durch eine Erhöhung der Wurzelsaugkraft die Trockenresistenz der Pflanzen. Deshalb sollten während der heißen Jahreszeit und im frühen Herbst die Kaliumgaben bei Freiland-Bonsai nicht zu gering sein.
Magnesium ist ein Baustein des Chlorophylls und wirkt an einigen wichtigen Stoffwechselprozessen mit. Der Magnesiumbedarf von Nadelbäumen ist höher als der von Laubbäumen.
Spurenelemente sind Nährstoffe, die für die Pflanze lebensnotwendig sind, die aber nur in sehr geringen Mengen benötigt werden. Oft sind sie in der Pflanzerde bereits vorhanden. Sie müssen allerdings, wenn ein Baum mehrere Jahre in der gleichen Erde steht, von Zeit zu Zeit zugeführt werden.

Nährstoffbedarf und Nährstoffaufnahme der Gehölze

Im Laufe des Jahres ist der Nährstoffbedarf der Pflanzen sehr unterschiedlich. Grundsätzlich sollten die verschiedenen Nährstoffe im richtigen Verhältnis zueinander eingehalten werden. Dieses kann je nach Jahreszeit in bestimmten Grenzen schwanken.
Der Gehalt an Stickstoff, Phosphat und Kalium ist auf den meisten Düngerpackungen als NPK-Wert angegeben. Hieraus lassen sich die Verhältnisse der Nährstoffe zueinander und der Nährstoffgehalt selbst ablesen, da die einzelnen Zahlen Prozentanteile an der Düngermenge darstellen.

Unterschiedliche Bonsai-Dünger, von links nach rechts: Organische Düngekugeln, organisch-mineralischer Pulverdünger, Flüssigdünger.

Bei einer NPK-Angabe von zum Beispiel 10:5:5 enthält der Dünger 10 % Stickstoff, 5 % Phosphat und 5 % Kaliumoxid. Die Verhältnisse der einzelnen Nährstoffe zueinander lassen sich auch als 2:1:1 angeben. Steht eine weitere Zahl in Klammern hinter dem NPK-Wert, ist dies eine Angabe über den Magnesiumgehalt.

Nährstoffbedarf unterschiedlicher Entwicklungsstadien

Jungpflanzen benötigen, da ein kräftiger Zuwachs notwendig ist, vom ersten Austrieb im Frühjahr bis zum Juni ein gleichmäßiges und hohes Nährstoffangebot mit hohem Stickstoffanteil (NPK-Verhältnisse von zum Beispiel 2:1:1). Dann wird bei gleichbleibender Düngermenge der Stickstoffanteil auf mindestens 1:1:1 gesenkt. Im August wird mit einer letzten kaliumbetonten Düngung mit Nährstoffverhältnissen von zum Beispiel 1:2:3 der Herbst eingeleitet.

Bei Pflanzen, die zum ersten Mal in eine Schale gesetzt wurden ist es ähnlich. Mit einer schwachen Düngung (NPK 2:1:1) wird das Jahr eingeleitet und mit dem ersten kräftigen Austrieb die Nährstoffversorgung erhöht.

Ein Solitär dagegen soll nicht mehr so kräftige Triebe bilden wie eine Jungpflanze oder eine Pflanze im Aufbau. In der Regel ist nur noch die feine Verzweigung zu verbessern. Dies wird durch ein frühzeitiges Pinzieren erreicht. Hierdurch wird der Frühjahrsaustrieb in einem frühen Stadium gestoppt. Es erfolgt nur ein geringer Zuwachs. Also ist der Bedarf an Stickstoff entsprechend gering. Solche Bonsai können von Austriebsbeginn im Frühjahr bis August mäßig mit Nährstoffen versorgt werden. Ein Nährstoffverhältnis von 1:2:3 ist hier ideal.

Eine ausreichende Nährstoffversorgung ist Grundlage für die Gesundheit und das Tempo der Entwicklung eines Bonsai. Das Risiko einer Überdüngung wird durch häufigeres, aber dafür geringer dosiertes Verabreichen von Nährstoffen stark verringert.

Pflanzenschädlinge und ihre Bekämpfung

Alle Bäume haben im Laufe ihrer Geschichte mit ihren Schädlingen eine parallele Entwicklung durchgemacht und sich auf diese eingestellt. Ausgewachsene Bäume in der Natur sind deshalb auch selten durch den Befall von Schädlingen in ihrem Leben bedroht. Anders kann dies bei einem Bonsai sein. Durch seine geringe Größe können schon ein paar Raupen den Baum kahl fressen und Spinnmilben alle Blätter zum Absterben bringen.

Tierische Schädlinge

Größere Insekten, die an den Blättern fressen, können leicht abgesammelt werden. Bei Freiland-Bonsai kann gegen andere Schädlinge nur wirklich wirksam vorgegangen werden, wenn ihre Entwicklung gleich zu Beginn des Jahres, vor oder mit dem ersten Laubaustrieb tiefgreifend gestört wird. So können die Winterstadien von Läusen, Spinnmilben und einigen Schadinsekten durch eine Spritzung mit Mineralölpräparaten (z.B.: Promanal) abgetötet werden. Das Öl wirkt ohne Gift. Es verstopft die Atemwege, so daß die Wintereier und manche Larvenstadien ersticken.
Ist das angewendete Mittel zusätzlich mit einem Insektizid (z.B.: Folidolöl, Achtung sehr giftig!!) gemischt, wird ein breites Spektrum von Schadinsekten erfaßt. Da das Öl auch in versteckte Ritzen fließt und auch durch Wachsausscheidungen vor Benetzung geschützte Formen erreichen kann und mit dem Gift in Kontakt bringt, sind diese Mittel besonders effektiv, machen aber keine Unterscheidung zwischen Nützling oder Schädling. Der beste Anwendungszeitpunkt dieser sogenannten Austriebsspritzmittel gegen tierische Schädlinge liegt in der Regel zwischen dem Anschwellen der Knospen und dem Erscheinen der ersten grünen Blattspitzen. Im Laufe des Jahres werden Schädlinge dann nur noch bei tatsächlichem Auftreten bekämpft.
Bei Zimmer-Bonsai sollten sofort nach dem Erkennen eine Bekämpfung eingeleitet werden. Tierische Schädlinge lassen sich dann meist noch absammeln.

Verschiedene Schadbilder an Eichenblättern (von unten nach oben): Gallwespen, Echter Mehltau, Blattwespen.

Pilzerkrankungen

Die meisten Waldbäume bilden mit Pilzen eine Lebensgemeinschaft von gegenseitigem Nutzen.

Auch die meisten Pilze, die an unseren Bäumen Schäden hervorrufen, verbringen im Freiland den Winter im Ruhestadium. Auf und in den Blätter lebende Pilze infizieren im Frühjahr den frischen Austrieb, sobald dieser beginnt, sich zu entwickeln. Kurz vor dem Eindringen in das Blatt sind diese Pilze durch eine Austriebsspritzung, allerdings mit einem Fungizid, einem Pilzgift, leicht bekämpfbar. Die Spritzung erfolgt im sogenannten Mausohrstadium, wenn die ersten Blattspitzen aus der Knospe herausragen. Auf diese Weise lassen sich unter anderem Neuinfektionen durch den Echten Mehltau und durch einige Blattfleckenkrankheiten verhindern. Diese Behandlung kann durch das Entfernen der Überdauerungsstadien, zum Beispiel durch das Absammeln der alten Blätter oder bei Pilzen, die das Holz infizieren, und auch durch das Herausschneiden befallener Äste unterstützt werden.
Ist der Pilz einmal ins Gewebe eingedrungen, ist eine Bekämpfung nur noch schwer möglich. Sie muß dann mit einem systemischen Mittel, das nach dem Spritzen von der Pflanze aufgenommen wird, erfolgen.
Pilzbefall wird oft durch die Schwächung der Pflanze als Folge von Pflegefehlern verursacht. Hat der Baum den richtigen Standort, wird er genügend gewässert und mit Nährstoffen versorgt und steht er in einem optimalen Pflanzsubstrat, kann er eine Infektion durch viele Pilze selbst abwehren.
Welches Mittel jeweils anzuwenden ist, erfragen Sie bitte bei Ihrem Fachhändler, da sich die Liste der erlaubten Präparate ständig ändert. Oft ist es auch ratsam, die Behandlung mit Gift nicht selbst durchzuführen, da die Mittel auch für den Menschen sehr ungesund sind und deshalb besser vom Fachmann angewendet werden. Vor der Behandlung mit Fungiziden muß die Schale gut abgedeckt werden, da sonst die bei fast allen Bäumen vorkommenden, in der Erde lebenden nützlichen Mykorrhiza-Pilze auch geschädigt werden und damit indirekt auch der Baum geschädigt wird.

Gesunde Pflanzen können die meisten Schädlinge auch ohne Hilfe von Pflanzenschutzmitteln abwehren. Deshalb ist die wichtigste Methode einen Bonsai vor Schädlingen zu schützen, diesen unter optimalen Bedingungen zu pflegen. Hierzu gehört vor allem der richtige Standort und eine regelmäßige Wasser- und Nährstoffversorgung.

Bonsai-Werkzeug

Zur Bonsai-Gestaltung sind einige Spezialwerkzeuge notwendig, deren Funktion hier kurz erläutert wird.
Mit **Bonsai-Scheren** (12–14) werden Äste eingekürzt. Mit der schmalen Schere mit langem Hals schneidet man dünne Äste in dichten Kronen zurück. Mit der kräftigen Schere mit großem Griff für die ganze Hand und kurzem Hals kürzt man stärkere Äste ein. Zum Entfernen ganzer Äste verwendet man **Bonsai-Zangen,** die eine schnell verheilende Schnittstelle hinterlassen. Die Zangen sind so konstruiert, daß die beiden Backen leicht übereinandergreifen.
Die **Konkavzange** (4) erzeugt eine ovale Schnittstelle, die leicht nach innen ins Holz geht. Durch ihre schräg angesetzte Schnittfläche erreicht man mit ihr auch schwierige Stellen. Mit der **Knospenzange** (1 + 2) entstehen runde, etwas tiefere Schnittstellen als mit der Konkavzange. Die Wunde verheilt etwas besser. Allerdings erreicht man mit der Zange durch ihre Konstruktion nicht alle Äste. Die **Rundkonkavzange** (3) vereinigt in sich die Eigenschaften der Konkav- und der Knospenzange. Allerdings ist sie auch erheblich teurer. Die **Wurzelzange** wird nur selten oder gar nicht zum Schneiden der Wurzeln verwendet. Hauptsächlich dient sie zum Spalten von Ästen, die als Jin-Partien bearbeitet werden. Natürlich lassen sich mit ihr auch Wurzeln spalten, um sie besser biegen zu können, wenn sie in den Wurzelansatz integriert werden sollen. Mit Hilfe der **Jinzange** (6) lassen sich die gespaltenen Äste dann weiter bearbeiten. Mit ihr wird die Rinde abgezogen und Holzfasern zu Gestaltung einer Jinpartie teilweise herausgerissen. Außerdem leistet sie gute Dienste beim Drahten. Besonders dicke Drahtenden lassen sich mit ihr leicht biegen. Wichtig zum Entfernen zu eng gewordener Drähte ist die speziell geformte **Bonsai-Drahtzange** (5). Mit ihr lassen sich eng anliegende Drähte durchtrennen ohne die Rinde zu verletzen.
Die **Wurzelkralle** (8) leistet beim Umpflanzen und beim Wurzelschnitt gute Dienste. Mit ihr lassen sich die Wurzeln lokkern und auseinanderziehen. Auch ein versteckt liegender Wurzelansatz kann mit ihr freigelegt werden. Die Erdoberfläche läßt sich nach dem Umpflanzen gut mit dem **Bonsai-Besen** (10) bearbeiten. Mit ihm befreit man den Wurzelansatz von der Erde und entfernt grobes Material von der Oberfläche. Nicht erwünschte Kräuter und Lebermoos lassen sich mit der **Pinzette** (7) entfernen. Auch beim Pinzieren, dem frühzeitigen Entfernen der Triebspitzen zur Einschränkung des Triebwachstums, wird sie verwendet. Häufig ist sie mit einem schaufelähnlichen Ende versehen, das beim Andrücken der Erde gute Dienste leisten kann. Soll zur Förderung der Verzweigung ein Blattschnitt erfolgen, kann dies schneller als mit einer Bonsai-Schere mit einem **Blattschneider** (15) durchgeführt werden. Durch seine Federung öffnet er sich selbständig wieder, so daß er bei jedem Blatt nur zusammengedrückt werden muß. Mit **Bürsten** (9) unterschiedlicher Härtegrade werden der Stamm bearbeitet und Jin-Partien von Algen und faulendem Material befreit. In hartnäckigen Fällen können sie auch zum Freilegen des Wurzelansatzes verwendet werden. Soll ein dicker Stamm in seiner Bewegung verändert werden, kann eine spezielle **Bonsai-Zwinge** (11) zur Hilfe genommen werden. Damit keine auffälligen Druckstellen entstehen ist sie durch einen Gummiüberzug gepolstert.

Viele Gestaltungsmaßnahmen lassen sich auch mit bereits vorhandenem Werkzeug durchführen. Deshalb muß ein »Bonsai-Anfänger« sich nicht alle speziellen Bonsai-Werkzeuge sofort zulegen. Wer nur wenige Pflanzen sein eigen nennt, benötigt zunächst eine Bonsai-Schere sowie eine Konkav- oder Knospenzange.

Alle genannten Zangen und Scheren werden aus unterschiedlichen Materialien angeboten. Die Ausführung aus »Normalstahl« ist in der Regel schwarz. Dieses Werkzeug ist das billigste; es rostet aber, wenn es mit Wasser in Berührung kommt. Deshalb sollte es nach Gebrauch leicht eingeölt werden.
Um Rost zu vermeiden, werden diese Werkzeuge auch verchromt und aus Edelstahl angeboten. Diese sind erheblich teurer als das Werkzeug aus rostendem Material. Die Lebensdauer ist bei den unterschiedlichen Ausführungen ähnlich.

Verschiedene Bonsai-Werkzeuge (siehe Text).

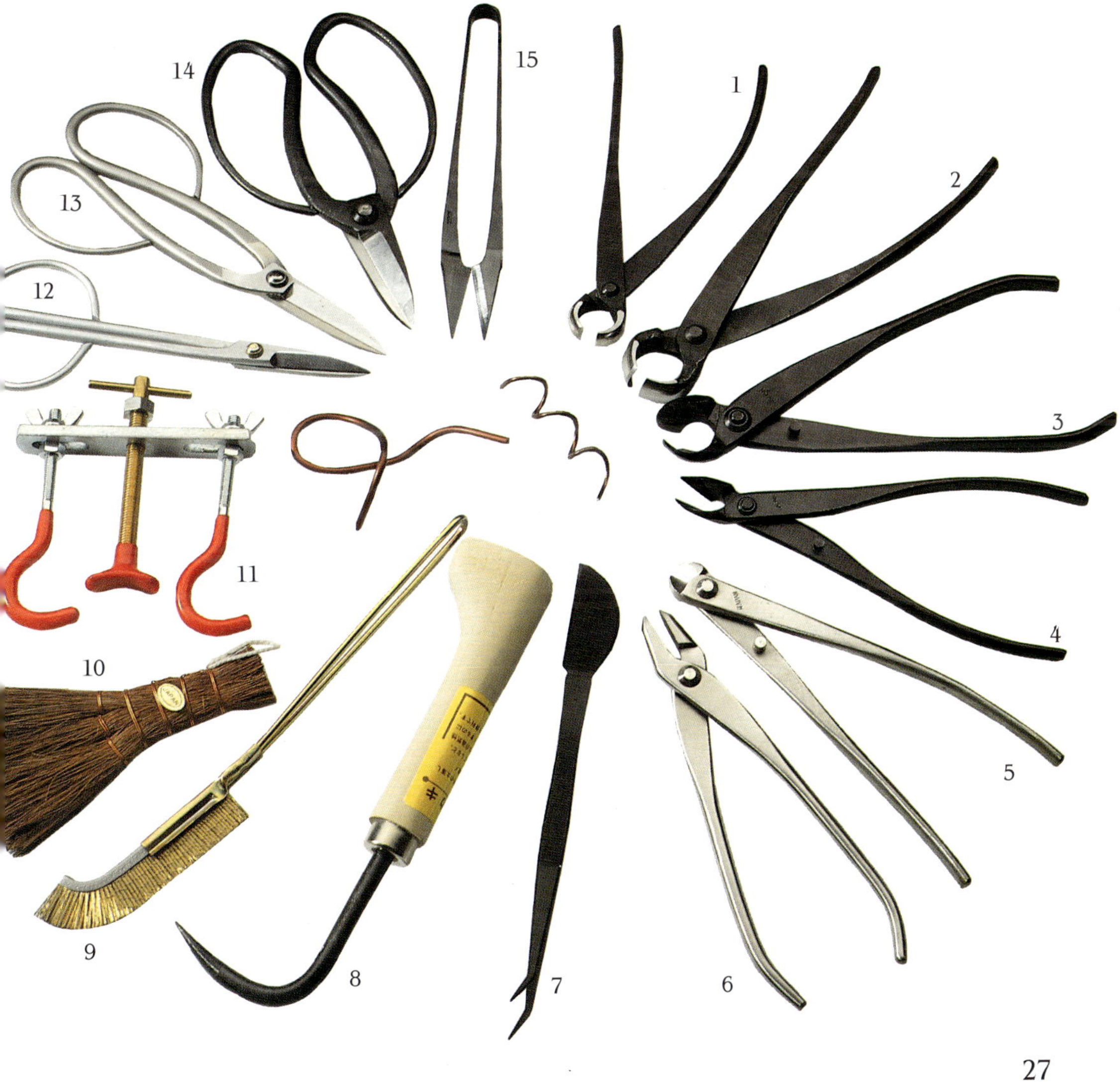

Der Rückschnitt der Äste

Der Hauptgrund, weshalb ein Bonsai klein bleibt, ist der regelmäßige Rückschnitt des Zuwachses. Auch in der Natur, beispielsweise in der Nähe von Wildwechseln, sind Bäume zu finden, die schon ein beträchtliches Alter aufweisen, aber trotzdem klein geblieben sind. Hier wird vom Wild regelmäßig der Zuwachs abgefressen, so daß eine Höhenzunahme nicht möglich ist.

Bei Bonsai wird der Rückschnitt, im Gegensatz zum Verbiß in der Natur, gezielt vorgenommen, und zwar so, daß der Baum die Form annimmt, die der Gestalter sich vorstellt. Es gibt viele Möglichkeiten und Vorstellungen, wie ein Baum dargestellt wird. Er kann eine gleichmäßig runde ebenso wie eine bizarre wettergezeichnete Krone tragen. Allen Wuchsformen und Stilarten ist gemeinsam, daß der Baum möglichst alt und beeindruckend aussehen soll. Alte, beeindruckende Bäume zeichnen sich durch einen dikken, häufig auch borkigen Stamm, und kräftige, fein verzweigte Äste aus.

Mit dem regelmäßigen Rückschnitt wird das Dickenwachstum reduziert, die Zunahme der Verzweigung aber gefördert. Um Dickenwachstum und gleichzeitige Zunahme der Verzweigung zu erreichen, müssen Kompromisse gefunden werden. Bei Jungpflanzen schneidet man deshalb erst später zurück als bei Pflanzen, die bereits einen kräftigen Stamm vorweisen können.

Je länger man mit dem Rückschnitt wartet, umso länger wird auch der Zuwachs. Je mehr Zuwachs ein Baum bildet, umso mehr Wasser muß zu der immer größeren Anzahl von Blättern transportiert werden. Hierzu werden entsprechend mehr Leitungsbahnen benötigt, die den Stamm dicker werden lassen. Größere Blattmasse kann auch mehr Engerie einfangen, die dann in Form von Stärke und anderen Reservestoffen im Stamm eingelagert werden und diesen ebenfalls dicker werden lassen.

Mit der Länge des Zuwachses nimmt auch seine Dicke zu. Beim Rückschnitt dicker Äste entstehen große Schnittstellen. Da ein wertvoller Bonsai möglichst wenige Spuren von Eingriffen zeigen soll, dürfen die Schnittstellen nicht so groß werden, daß sie nicht wieder zuwachsen können. Deshalb dürfen auch die Triebe von jüngeren Pflanzen nicht ins Unermeßliche wachsen. Wie groß eine Schnittstelle sein darf, um wieder zuwachsen zu können, hängt stark von der geplanten Baumhöhe ab. Bei großen Bonsai verwachsen größere Schnittstellen als bei kleineren.

Bei der Entwicklung eines Bonsai sollte zunächst auf eine

gewisse Stammdicke Wert gelegt werden. Man schneidet also zunächst nicht so häufig zurück. Ist die Stammdicke erreicht, schneidet man öfter, so daß sich die feine Verzweigung ganz von selbst entwickelt, da mit jedem Rückschnitt bei gesunden Bäumen 2 oder mehrere neue Verzweigungen entstehen. Mit dem Rückschnitt wird gleichzeitig der Neuaustrieb gelenkt. Mindestens die Knospe, die der Schnittstelle am nächsten sitzt, treibt nach dem Rückschnitt aus und übernimmt die Astspitze. Also schneidet man so zurück, daß eine Knospe, die in Richtung der gewünschten Astspitze steht, der Schnittstelle am nächsten sitzt.

Diese Reaktion der Pflanze erklärt sich aus der Dominanz der Triebspitzen eines Baumes. In der Triebspitze von Bäumen

Links: Größere Schnittstellen werden mit japanischer Wundpaste verschlossen, die aufbricht, wenn sich Wundkallus bildet.

Mitte: Eine Wunde nach 2 Monaten.

Rechts: Eine ähnliche Schnittstelle nach 2 Jahren.

wird ein Hormon gebildet, das den Austrieb der darunter liegenden Knospen hemmt. Wird eine solche Spitze entfernt, können die dadurch an die Spitze getretenen Knospen austreiben, weil sie durch kein Hormon mehr unterdrückt werden. Je stärker diese sogenannte Apikaldominanz bei einer Baumart ausgeprägt ist, um so weniger Knospen treiben neben der an der Spitze sitzenden aus.
Aus den gleichen Gründen wachsen Bonsai im oberen Kronenbereich immer mehr als im unteren. Wird dem nicht gezielt entgegengearbeitet, sind die oberen Äste bald die dicksten in der Krone. Bei alten Bäumen in der Natur sind aber gerade die unteren Äste die dicksten. Soll der Bonsai also einen natürlichen Eindruck erwecken, müssen auch beim ihm die Äste im unteren Kronenbereich die dicksten sein und bleiben. Also schneidet man den Austrieb im oberen Kronenbereich häufiger und kürzer zurück als unten. Allerdings entwickeln sich hierdurch oben entsprechend viele neue Triebspitzen, die wieder hemmend auf die darunter liegenden Knospen wirken. Deshalb wird im oberen Drittel, bei laubabwerfenden Freilandbäumen am besten im Frühjahr, regelmäßig auch bis ins alte Holz zurückgeschnitten und auch bereits gut entwickelte Verzweigungen entfernt um diese im gesamten Kronenbereich gleich stark zu halten. Bei der ersten Gestaltung einer Roh- oder Baumschulpflanze müssen oft eine große Zahl Äste komplett entfernt werden. Hierbei läßt man im unteren Kronenbereich die kräftigeren Äste stehen und im oberen die dünneren. Große Schnittstellen verheilen besonders schnell, wenn sie im Frühjahr mit oder nach dem ersten Laubaustrieb entstehen. Auch vom späten Frühjahr bis Anfang Sommer entstehende Schnittstellen wachsen im Freiland und auch bei Zimmer-Bonsai schnell zu. Nadelbäumen entfernt man kräftige Äste im Winter, weil sie dann nicht so stark ausharzen. Die Lärche kann allerdings wie ein Laubbaum behandelt werden.
Große Schnittwunden werden grundsätzlich mit einem Wundverschlußmittel behandelt. Speziell für Bonsai entwickelte Präparate werden im Fachhandel angeboten.

Schnittstellen, die im Frühjahr entstehen, wachsen besonders schnell zu. Deshalb werden starke Äste am besten in dieser Zeit, mit oder kurz nach dem Frühjahrsaustrieb, zurückgeschnitten. Auch im Herbst vorgenommene Schnitte können jetzt nachbearbeitet werden, um einen zügigen Wundverschluß zu gewährleisten.

Der Rückschnitt der Wurzeln

Da Wurzeln und Äste sich gegenseitig versorgen, sollten beide in einem ausgeglichenen Verhältnis zueinander stehen. Also werden auch die Wurzeln regelmäßig zurückgeschnitten – allerdings nicht wie die Äste während der Wachstumszeit, sondern in einer Ruhephase. Am besten reagieren die meisten Bäume auf einen Wurzelschnitt, wenn dieser im zeitigen Frühjahr, vor dem ersten Austrieb vorgenommen wird. Gleichzeitig wird die Pflanzerde ausgewechselt.
Durch einen regelmäßigen Rückschnitt der Wurzeln wird erreicht, daß sie sich, ähnlich wie die Äste der Krone, fein verzweigen. So hat eine viel größere Wurzelmasse Platz im kleinen Gefäß. Neben der feineren Verzweigung wird der Wurzelansatz, also die an Stammfuß sitzenden, sichtbaren Wurzeln, beim Schnitt entwickelt.
Zunächst wird der Wurzelballen aus der Schale genommen. Die außen liegenden Wurzeln sind dicht aneinandergedrückt und manchmal mehrfach im Kreis gewachsen. Sie werden vorsichtig mit Hilfe einer »Kralle« auseinandergezogen. Gleichzeitig wird hierbei ein Teil der alten Erde entfernt. Sind alle Wurzeln in die Himmelsrichtungen ausgerichtet, hängen einige lang herunter. Diese können soweit eingekürzt werden, daß der Wurzelballen, ohne daß Wurzeln in ihrer Richtung verändert werden müssen, in die nun vorgesehene Schale passen. Dann werden die Wurzeln, die direkt unter dem Stamm herauswachsen, entfernt, so daß später nur noch Wurzeln, die Bestandteil des Wurzelansatzes sind, den Baum ernähren. Von diesen werden die dickeren kräftiger eingekürzt als die dünneren. Dadurch gleichen sie sich in der Stärke einander an.
Große Schnittstellen sollten auch im Wurzelbereich mit einem Wundverschlußmittel behandelt werden.
Die Schale kann, wenn die Krone des Bonsai es inzwischen erfordert, nun etwas größer als bisher gewählt werden. Die Abzugslöcher der neuen Schale werden mit Gittern versehen, damit keine Erde beim Gießen ausgeschwemmt wird. Anschließend wird zunächst grobes Material, zum Beispiel Lehmgranulat als Drainage in die Schale gegeben. Dann stellt man den Baum auf eine dünne Schicht Pflanzsubstrat, das bei vielen Pflanzen auch aus einem hohen Anteil Lehmgranulat einer feineren Körnung bestehen kann,

Ein Dreispitzahorn erhält einen Wurzelschnitt und wird in eine neue Schale gepflanzt.

wieder in die Schale. Er kann jetzt mit einem Draht über die Abzugslöcher an der Schale festgebunden werden, damit er vom Wind nicht hin und her bewegt wird. Anschließend füllt man die Schale mit Bonsai-Erde auf. Mit einem Stäbchen können auch enge Wurzelzwischenräume mit Erde versorgt werden. Obenauf gibt man eine Schicht feine Erde, dies fördert die Entwicklung von Moos.

Das Drahten

Ein wichtige Methode, einen Bonsai in die gewünschte Form zu bringen, ist das sogenannte Drahten. Man umwickelt die betreffenden Äste mit Draht, wodurch sie sich in ihrer Stellung verändern lassen und auch so stehen bleiben. Nach zwei bis sechs Monaten, wenn der Draht durch das Dickenwachstum der Äste zu eng wird, sollte er wieder entfernt werden. In der Regel bleibt der Ast danach in der gewünschten Stellung stehen.

Manche Wuchsformen lassen sich nur mit Hilfe dieser Arbeit erreichen. Die Besenform ist allerdings bei den meisten Laubbäumen auch ohne Draht, nur durch gezielten Rückschnitt, zu gestalten.

Zum Drahten verwendet man Aluminium-, Kupfer- oder Eisendraht. Die Unterschiede liegen hauptsächlich in der Härte. Aluminium, das weichste Material, schont die Rinde des Baumes. Er muß besonders dick sein, um soviel Kraft ausüben zu können, daß er einen Ast in einer bestimmten Stellung halten kann. Dieser Draht wird am häufigsten verwendet. Verlangt man im Fachhandel Bonsaidraht erhält man in aller Regel Aluminium-Draht. Er ist außen braun eloxiert, so daß er am Baum von Weitem nicht auffällt. Kupferdraht, der zur Bonsai-Gestaltung verwendet werden soll, wird durch Ausglühen weich gemacht. Durch das Biegen beim Drahtungsvorgang verhärtet er wieder. Mit ihm können auch stärkere Äste noch gebogen werden. Allerdings schneidet er, weil er dünner verwendet werden kann, leicht in die Rinde ein. Das Drahten mit Kupfer muß ausreichend geübt werden, bevor man einen wertvollen Baum damit bearbeitet. In Japan wird er hauptsächlich für Nadelbäume verwendet. In letzter Zeit wird Kupferdraht auch im Fachhandel angeboten. Man muß aber ausdrücklich dieses Material verlangen.

Draht aus Eisen ist besonders billig, aber auch sehr hart und deshalb nur schwer zu handhaben. Außerdem oxydiert er und hinterläßt Roststellen auf der Rinde. Trotzdem wird er, besonders in China, häufig benutzt. In Europa ist er allerdings unüblich.

Gedrahtet werden Freiland-Laubbäume und Lärchen mit dem Frühjahrsaustrieb. Nadelbäume lassen sich auch leicht im Winter drahten. Zimmer-Bonsai können das ganze Jahr hindurch gedrahtet werden. Beim Biegen der Äste reißen im Innern oft Leitungsbahnen, die sich aber wieder regenerieren. Bis dies abgeschlossen ist, ist der Wassertransport mehr oder weniger stark gestört. Deshalb werden frisch gedrahtete Bonsai für 2–4 Wochen so aufgestellt, daß sie keinem Wetter ausgesetzt sind, das erhöhten Wasserverbrauch fördert. Eine helle, aber schattige und windstille Ecke ist für diese Zeit der optimale Platz.

Gedrahtete Bäume müssen regelmäßig kontrolliert werden. Besonders in Zeiten gesteigerten Dickenwachstums, also bei Freilandbäumen im Juni oder im Herbst, werden die Drähte schnell zu eng. Bevor ein Draht einzuwachsen beginnt, muß er entfernt werden. Bei Zimmer-Bonsai kann dies bereits nach zwei Monaten der Fall sein. Bleibt der Ast dann noch nicht in der gewünschten Stellung, wird er noch einmal gedrahtet.

Von links nach rechts unten: Spanndrähte werden an kräftigen Drahtschlaufen befestigt.

Am Ast werden Spanndrähte mit Kunststoffschläuchen abgepolstert.

Der Ast eines Bergahorn wird gedrahtet.

Wird der Draht nicht rechtzeitig wieder entfernt, entstehen Narben, die lange sichtbar bleiben.

Der Drahtungsvorgang

Für starke Äste benutzt man dicke Drähte, für junge Äste dünnere. Man wickelt den Draht spiralenförmig um den Ast. Eine einmal eingeschlagene Windungsrichtung wird am gesamten Baum beibehalten. Es sollten sich keine Drähte kreuzen. Dort, wo zwei Drähte um die gleiche Stelle des Astes gewikkelt werden, werden sie parallel nebeneinander gelegt. Wenn möglich, werden mit einem Stück Draht zwei Äste umwikkelt.

Äste, die so dick sind, daß sie durch das Drahten nicht mehr befriedigend korrigiert werden können, sollten gespannt werden. Hierbei befestigt man den Ast an einem dünnen Draht, mit dessen Hilfe dieser in die gewünscht Richtung gezogen wird. An der Stelle, wo der Draht am Ast befestigt wird, muß er gepolstert werden, damit er nicht in die Rinde einschneidet.

Der gekaufte Bonsai

Der Name Bonsai ist bei uns nicht geschützt. Da er aber in den Köpfen der meisten Menschen etwas Wertvolles repräsentiert, versuchen clevere Geschäftsleute soviel wie möglich unter dieser Bezeichnung an den Mann zu bringen.
»Bonsai« heißt zwar wörtlich übersetzt soviel wie »Baum im Topf«. In den asiatischen Schriftzeichen kommt aber auch zum Ausdruck, daß es sich um eine gestaltete Pflanze handelt. Dies ist das entscheidene Merkmal. Das, was als Bonsai zum Kauf angeboten wird, sollte zumindest ein gewisses Maß an Gestaltung erfahren haben.
Hat man vor, einen Bonsai zu kaufen, sollte man sich bei der Entscheidung, welcher Baum es sein soll von folgenden Punkten leiten lassen:

- von der Baumart,
- von der Quallität der bisherigen Bearbeitung,
- von der Form, und natürlich auch
- vom Preis.

Hat man keinen Garten oder Balkon zur Verfügung, muß man sich auf Bäume beschränken, die ganzjährig in der Wohnung stehen können. Ein Anfänger greift in einem solchen Fall am besten zunächst zur Gattung *Ficus*, den Feigenbäumen. Sie werden in vielen Arten zu Bonsai gestaltet und sind leicht zu pflegen.
Hat man einen Balkon oder sogar einen Garten zur Verfügung entscheidet man sich besser für einen Freiland-Bonsai. Da diese Bäume in ihrem natürlichen Klima, nämlich im Freiland gehalten werden, sind sie um vieles robuster als die meisten Zimmerbonsai und somit auch widerstandsfähiger gegen Pflegefehler, die Anfangs kaum zu vermeiden sind.
Schließlich müssen die Lichtverhältnisse so sein, wie es die entsprechende Baumart gerne hat. Ist der Platz, an dem der Baum stehen soll zum Beispiel sehr sonnig, wählt man eine Pflanze die entsprechende Bedürfnisse hat, wie etwa Kiefern oder Ulmen.
Bäume mit groben Pflegefehlern oder Mängeln in der Form sollte man nicht kaufen. Zum Beispiel sind die Spuren eingewachsener Drähte auch nach vielen Jahren noch zu erkennen. Ein schwer zu beseitigender Fehler in der Form liegt zum Beispiel vor, wenn der Stamm im Bereich des Wurzelansatzes schwächer entwickelt ist als an einer Stelle im Bereich der ersten Äste.
Der Preis eines Bonsai ist abhängig von der investierten Arbeit und vom Alter eines Baumes. Für einen Anfänger ist es nicht einfach, das Alter eines Bonsai einzuschätzen. Ein Bonsai mit einem dicken Stamm, aber gleichzeitig mit großen unverwachsenen Schnittstellen kann jünger sein als ein nur halb so dicker Baum ohne offene Schnittstellen. Auch der Grad der Verzweigung kann ein Anhaltspunkt für das Alter sein: Je feiner verzweigt der Baum ist, um so älter ist er. Ein Bonsai ist niemals »fertig«. Er befindet sich in einer ständigen Weiterentwicklung. Je ausgereifter ein Baum beim Kauf ist, umso teurer ist er.
In welche Richtung diese Entwicklung geht, hängt hauptsächlich vom Pfleger ab. Dieser übernimmt mit dem Kauf auch die zukünftige Gestaltungsarbeit. Deshalb sollte man bei der Auswahl des Baumes auch seine Entwicklungsmöglichkeiten beachten und sich diese, hat man selbst keine Vorstellung davon, vom Händler erklären lassen.
Für die ersten Versuche wählt man eine nicht so alte und damit auch nicht so teure Pflanze aus. Eventuelle Verluste lassen sich dann leichter verschmerzen. Die Form ist hier meist nur grob festgelegt, so daß noch viel Spielraum für die eigene Kreativität bleibt. Fühlt man sich in der ersten Zeit mit den nötigen gestalterischen Arbeiten überfordert, sucht man einen Fachhändler oder einen erfahrenen Bonsai-Freund auf, der bei den ersten Eingriffen, wie Rückschnitt oder Nachdrahten, behilflich sein kann.

Fächerahorn, wie er im Handel angeboten wird.

Bonsai aus Samen

Die schwierigste Methode, zu einem Bonsai zu kommen, ist die Anzucht aus Samen. Deshalb sollte eine Anfänger besser zu einer Jungpflanze greifen. Ein häufiger Grund, warum ein Baum aus Samen herangezogen wird, ist die mangelnde Verfügbarkeit des entsprechenden Pflanzenmaterials. Man entdeckt zum Beispiel im Urlaub einen besonders beeindruckenden Baum, von dem man glaubt, daß er auch als Bonsai gehalten werden kann. Entsprechende Jungpflanzen sind aber nicht zu bekommen. Dann ist man auf die eventuell gerade reif am Baum hängenden Samen angewiesen. Außerdem lassen sich Pflanzen als Samen am leichtesten aufbewahren und transportieren. Die Samen verschiedener Bäume müssen allerdings häufig auch verschieden behandelt werden, um keimfähig zu bleiben.

Wie behandelt man die Samen nach dem Sammeln?

Das wichtigste ist, gesammelte Früchte vor Schimmel zu schützen. Deshalb dürfen sie auf keinen Fall in einem geschlossenen Behälter aufbewahrt werden. Beerenfrüchte werden bis zur Heimfahrt luftig gelagert und können bei entsprechendem Wetter getrocknet werden. Viele in Beerenfrüchten enthaltene Samen erreichen ihre Keimfähigkeit in der Natur durch das Passieren eines Vogeldarms. Einen ähnlichen Effekt erreicht man, wenn man die Beeren in Wasser zerdrückt und sie einige Tages gären läßt. Danach sät man direkt aus.
Die in Hülsenfrüchten enthaltenen Samen der Akazien beispielsweise transportiert man in einem luftdurchlässigen Stoffbeutel. Sie vertragen in der Regel ebenso wie die Samen aus Nadelbaumzapfen trockene Lagerung bis sie ausgesät werden.
Viele andere Samen wie Eicheln, Bucheckern, Nüsse und Kastanien verlieren, wenn sie austrocknen ihre Keimfähigkeit. Diese werden in feuchtem Sand kühl gelagert, bis sie ausgesät werden können. Andere sind innerhalb ihrer Frucht einige Zeit lagerfähig, sollten aber, sobald das Fruchtfleisch zu faulen beginnt, von diesem befreit und dann entweder in feuchtem Sand kühl gelagert oder direkt ausgesät werden.
Zur Aussaat füllt man ein nährstoffarmes Substrat, zum Beispiel Pikiererde, in ein mit Abzugslöchern versehenes Gefäß. Dies kann ein normaler Blumentopf oder auch ein spezielle Aussaatgefäß sein.
Die Erde wird leicht angedrückt, die Samen mit etwas Abstand aufgelegt, eventuell auch leicht angedrückt und mit einer dünnen Schicht Erde abgedeckt. Das ganze wird gut angegossen und eine Plastiktüte oder eine Spezielle Abdeckhaube über das Gefäß gestülpt. Bis zum Keimen sollte die Erde gleichmäßig feucht, aber nicht naß gehalten werden. Sie darf auf keinen Fall austrocknen.
Sobald die ersten Keimlinge sprießen, wird langsam gelüftet

und später die Abdeckung ganz entfernt. Es ist sehr wichtig, daß die Keimlinge in den ersten Lebenswochen nicht zu feucht gehalten werden, weil sie sonst schnell wieder absterben. Bei den empfindlichen Arten sollte die Oberfläche der Erde vor dem Wässern gut abtrocknen und nachher nur leicht feucht sein. Dies erreicht man, wenn von unten gewässert wird. Dazu stellt man das Saatgefäß in ein Tablett mit nicht zu viel Wasser, so daß sich nur der untere Teil des Substrates mit Wasser vollsaugen kann.
Zur Sicherheit können die Sämlinge in den ersten Tagen, gegen die sogenannte Umfallkrankheit mit einem Fungizid eingesprüht werden. Vier Wochen nach dem Keimen düngt man vorsichtig mit einem Mineraldünger in zweiwöchigem Rhythmus.
Sind die Sämlinge kräftiger geworden, werden sie einzeln gesetzt. Hierbei kann eine eventuell vorhandene Pfahlwurzel stark eingekürzt werden, um schon jetzt die Entwicklung der Seitenwurzeln zu fördern. Der oberirdische Teil der Pflänzchen wird frühestens im zweiten Jahr zurückgeschnitten. Die weitere Behandlung erfolgt dann wie bei Bonsai, die aus Stecklingen gezogen werden sollen.

Zelkovensämlinge, 2 Jahre, 4 Jahre und 6 Jahre alt.

Bonsai aus Stecklingen

Die Stecklingsvermehrung zählt im Bonsai-Bereich zu den wichtigsten Vermehrungsmethoden. Hierbei wird ein Aststück zum Bewurzeln gebracht. So entsteht eine neue eigenständige Pflanze mit den Erbanlagen des Baumes, von dem das Aststück genommen wurde.
Man greift zu Stecklingen, in anderen Bereichen auch zu Veredelungen, wenn eine bestimmte Baumart oder -sorte verwendet werden soll. Heimische Gehölze kann man unter natürlichen Bedigungen leicht aus Samen ziehen, weil beispielsweise aus einem Ebereschensamen auch eine Eberesche wachsen wird. Exotischen Bäumen fehlt bei uns in der Regel der Partner der gleichen Art, der seine Blüten befruchten kann. Deshalb wachsen aus den Samen Hybriden verschiedener Arten heran. Ähnlich ist es bei bestimmten Sorten, die zum Beispiel eine besondere Blattfarbe aufweist, wie sie beim Fächerahorn besonders oft vorkommt.
Stecklinge sind oft weniger frohwüchsig als Veredelungen, deshalb werden Veredelungen in professionellen Baumschulen Stecklingen vorgezogen. Bei Bonsai ist der Verlauf und das Aussehen des Stammes wichtiger als schnelles Wachstum. Hier verzichtet man, wenn möglich, auf Veredelungen weil die Pfropfstelle häufig einen Schönheitsfehler am Stamm darstellt. Zur Stecklingsvermehrung verwendet man belaubte oder benadelte Äste. Stecklinge von Zimmer-Bonsai lassen sich das ganze Jahr hindurch ziehen. Bei

So lassen sich Stecklinge leicht bewurzeln.

den Freilandbäumen liegt eine besonders günstige Zeit im Juni. Stecklinge von Nadelbäumen lassen sich auch im Winter erfolgreich bewurzeln.
Bei den meisten Bäumen bewurzeln diesjährige Triebe, die sich gerade zu verholzen beginnen am besten. Spitzentriebe wachsen manchmal besser als Seitentriebe.
Zur Stecklingsvermehrung verwendet man nährstoffarme Erde. Im Handel ist sie unter dem Namen Pikiererde zu bekommen. Sie kann aus einer Mischung aus Sand und Torf bestehen. Man füllt sie in ein mit Abzugslöchern versehenes Gefäß. Hierbei kann es sich um einen Blumentopf handeln. Die Erde wird leicht angedrückt und mit einem Stück Draht die Stecklöcher vorgebohrt.
Man schneidet nun 5–9 cm lange Aststücke, entfernt im unteren Bereich die Blätter oder Nadeln, taucht die Schnittstelle in ein Bewurzelungshormon (nicht immer notwendig), steckt die Ästchen in die vorgebohrten Erdlöcher und drückt diese mit dem Finger an. Nun wird die Erde vorsichtig gewässert und anschließend das Gefäß mit einer lichtdurchlässigen Haube, zum Beispiel mit einer Plastiktüte versehen. Das Ganze wird nun warm und hell aufgestellt. Beginnen die Aststücke zu wachsen, ist dies in der Regel auch mit einer Wurzelbildung verbunden. Jetzt kann vorsichtig gelüftet werden, indem in die Tüte anfangs kleine, später größere Löcher geschnitten werden. Sind die Pflänzchen die ersten Zentimeter gewachsen, wird vorsichtig mineralisch gedüngt. Später, wenn sie sich gut entwickelt und bewurzelt haben, werden die Pflänzchen einzeln gepflanzt. Eine Pfahlwurzel bildet sich bei Stecklingen nicht. Es sitzen sehr oft alle Wurzeln in einer Ebene und wachsen gleichmäßig in alle Himmelsrichtungen. Schon jetzt können die längsten eingekürzt werden, damit die anderen aufholen können und alle Wurzeln später ähnlich stark sind.
Stecklinge können frühzeitig auf ihre spätere Form vorbereitet werden. Um einen kräftigen Stamm mit fließender Verjüngung, bei der aufrechten Form bis in die Spitze, zu erreichen, wird der Stamm mehrmals so eingekürzt, daß ein Seitenast die Stammverlängerung und damit die Spitze übernimmt. Soll eine Besenform entwickelt werden, schneidet man den Stamm da zurück, wo die Krone beginnen soll. Die in der Nähe der Schnittstelle befindlichen Äste werden zur Entwicklung der Krone verwendet. Die jetzt noch am unteren Stammbereich wachsenden Äste, die nicht für den Kronenaufbau gebraucht werden, können trotzdem noch einige Zeit stehen gelassen werden, weil sie für ein gesteigertes Dickenwachstum des Stammes in dem Bereich, in dem sie wachsen, sorgen. Erst später werden sie dann entfernt. Hierbei muß beachtet werden, daß die entstehende Schnittstelle um so größer wird, je länger man mit dem Entfernen wartet.

Steckling bewurzelt und unbewurzelt.

Bonsai aus einer Baumschulpflanze

Sehr viel Zeit spart man, wenn zur Gestaltung eine ältere Pflanze verwendet wird. Dies kann eine Baumschulpflanze, eine Topfpflanze aus dem Blumenladen oder Gartencenter oder ein sogenannter Rohling aus einem Bonsai-Fachbetrieb sein. Die beste Zeit nach einer geeigneten Pflanze auf die Suche zu gehen, liegt bei Freilandbäumen zwischen dem Auftreten der Herbstfärbung und dem Austreiben der neuen Blätter im Frühjahr. Zimmerpflanzen können das ganze Jahr hindurch gestaltet werden.
Bei der Auswahl einer solchen Pflanze sollte auf den vorhandenen Wurzelansatz, die Stammbewegung und die im unteren Bereich vorhandenen Äste Wert gelegt werden.
Hat man sich für eine Pflanze entschieden, kann mit der ersten Gestaltung sofort begonnen werden:
Zunächst legt man die Vorderseite des zukünftigen Bonsai fest. Diese Entscheidung sollte nach der Beschaffenheit des Wurzelansatze, dem Stammverlauf und der Stellung der Äste gefällt werden. Die kräftigen Wurzeln sollten möglichst nach links und rechts wachsen und nicht dem Betrachter direkt entgegen. Der Stamm sollte eine möglichst interessante Bewegung machen und die Hauptäste sollten gut erkennbar sein und nicht zwei an der selben Stelle des Stammes entspringen.
Hat man sich für eine Vorderseite entschieden, wird der Baum in ein erstes Gefäß gepflanzt, wenn er nicht schon in einem steht. Starke Eingriffe in den Wurzelbereich sollten auf später verschoben werden, deshalb sollte das erste Gefäß so groß sein, daß der Wurzelballen ohne viele Mühe hinein paßt. Außerdem entwickelt sich ein Baum in einem größeren Gefäß schneller.
Jetzt wird festgelegt, welche Äste entfernt werden müssen. Hierbei hält man sich an die Regeln, daß der dickste Ast unten sitzt und der dünnste an der Spitze. Das bedeutet, daß an Stellen, an denen mehrere Äste sitzen, im unteren Kronenbereich die dünneren entfernt werden und im oberen Kronenbereich die dickeren. Außerdem kann es hilfreich sein, wenn man sich die typischen Eigenschaften der Stilarten vor Augen hält. Sind die überschüssigen Äste entfernt, bringt man die verbliebenen in die gewünschte Richtung. Auf Drahten reagieren die meisten Bäume sehr willig, wenn dies mit dem Frühjahrsaustrieb geschieht. Zu anderen Zeiten ist es für Bonsai-Anfänger sicherer, zu spannen. Hierzu werden Befestigungsmöglichkeiten an das Pflanzgefäß installiert. Das können bei Holzkisten Nägel sein, in Kunststoffgefäße können Löcher gebohrt werden und in Bonsai-Schalen werden dicke Drähte, deren Enden zu Ösen gebogen sind, über die Abzugslöcher befestigt. Zum eigentlichen Spannen verwendet man möglicht dünnen Draht. Das eine Ende wird zum Schutz der Astrinde durch ein Stück Kunststoffschlauch gezogen und der betreffende Ast daran befestigt. Dann zieht man den Ast in die gewünscht Stellung und befestigt das zweite Ende an der Pflanzschale. Sind alle Äste aus-

Ein Wacholder aus der Baumschule wird gestaltet.

gerichtet kann die Länge bestimmt und entsprechend eingekürzt werden. Nun wird die Pflanze für vierzehn Tage an einen hellen aber schattigen Platz gestellt, damit sie sich an ihre neue Situation in Ruhe gewöhnen kann.
Danach wird sie entsprechend der Jahreszeit behandelt. Steht noch der Winter bevor, wird ein Freilandbaum eingegraben oder anders vor Frost geschützt. Hat das Frühjahr bereits begonnen und treibt der Baum bereits aus, kann mit dem Düngen begonnen werden. Außerdem können jetzt die dünneren Seitenzweige, die nicht gespannt wurden, gedrahtet werden. Der Zuwachs wird im Laufe des ersten Jahres entsprechend der Stellung der Äste in der Krone zurückgeschnitten. Das bedeutet in den meisten Fällen, daß im oberen Teil der Krone kräftiger zurückgeschnitten wird als im unteren Teil. Auch Äste, die noch an Dicke zulegen sollen, werden erst einmal nicht geschnitten, bis sie kräftig genug geworden sind.
Hat der Baum einen Teil seiner ersten Entwicklung vollzogen, kann er im nächsten Frühjahr in eine passende Bonsai-Schale gepflanzt werden.

Bonsai aus Findlingen *(Yamadori)*

Die ursprünglichste Methode, einen Bonsai zu gestalteten ist die, eine Pflanze in der Natur zu suchen und auszugraben. Die wertvollsten und ältesten Bonsai in Japan sind aus solchen Pflanzen entstanden.
Alte, aber klein gebliebene Bäume, findet man in der Natur gar nicht so selten. Zum Beispiel in der Nähe von Wildwechseln stehen fast in jedem Wald Buchen, die regelmäßig vom Wild zurückgefressen werden. Solche Pflanzen entwickeln einen kurzen kräftigen Stamm und eine dicht verzweigte, kleine Krone. Auch im Hochgebirge findet man uralte, kleine Gehölze. Hier handelt es sich in der Regel um Nadelbäume. Diese Pflanzen bleiben wegen verschiedener Umwelteinflüsse klein, unter anderem wegen der geringen Menge Erde, die zur Verfügung steht.
Einen besonderen Reiz übt die bei alten Pflanzen vorhandene Borke aus, die beim späteren Bonsai das Alter des Baumes nachhaltig unterstreicht. Oft sind auch die beeindruckenden Bewegungen eines Stammes Anlaß für den Wunsch, einen in der Natur gefundenen Baum zur Bonsaigestaltung zu verwenden.
Bei uns ist es auch aus Naturschutzgründen nicht erlaubt, Pflanzen ohne Genehmigung der Natur zu entnehmen. Hat man eine günstige Pflanze gefunden, besorgt man sich also eine entsprechende Sammelerlaubnis. Dafür sind meist die Forstbehörden zuständig.
Anders als eine Baumschul- oder eine Rohpflanze hat ein Findling keinen kompakten Wurzelballen. Die Wurzeln in Stammnähe sind oft sogar ausgesprochen spärlich entwickelt. Deshalb sollte ein alter Baum langfristig auf das Ausgraben vorbereitet werden.
Ein Jahr, bevor der Baum aus der Erde genommen wird, durchtrennt man etwa ein Drittel der Wurzeln mit einem starken Spaten, einer Säge oder einer Astschere, in einem Abstand von 20 bis 30 cm zum Stamm. Man deckt die Wurzeln danach wieder gut mit Erde ab. Anschließend werden auch die Äste um ein Drittel eingekürzt. Im darauffolgenden frühen Herbst, etwa Ende September, durchschneidet man ein weiteres Drittel der Wurzeln. Hierdurch bilden sich neue Seitenwurzeln. Dies macht es dem Baum leichter, wenn er im kommenden Frühjahr ganz ausgegraben wird. Der beste Zeitpunkt hierzu liegt bei den meisten Bäumen kurz vor oder während des Anschwellens der Knospen, also deutlich vor dem Austreiben der Blätter.
Nach dem Ausgraben werden bei Laubbäumen und Lärchen auch die Äste stark eingekürzt. Äste, die für die Gestaltung nicht benötigt werden, kann man auch ganz entfernen. Anschließend pflanzt man den Baum für ein Jahr in den Garten. Steht kein Garten zur Verfügung, kann auch eine größere Kiste als erstes Quartier dienen.
Die ersten Jahre nach dem Sammeln benötigt der Baum, um ein kräftiges Wurzelwerk zu bilden. In dieser Zeit wird er anfangs wenig, später kräftig gedüngt. Gleichzeitig kann durch Zurückschneiden der Äste für einen kompakteren Aufbau der Krone gesorgt werden. Viele Seitenverzweigungen in Stammnähe erhöhen die Gestaltungsmöglichkeiten.
Zeigt der Baum durch sein Wuchsverhalten an, daß der Wurzelballen sich regeneriert hat und er auch die Umstellung in andere Erde gut überstanden hat, kann mit der Feingestaltung begonnen werden. Hierbei kann man so vorgehen, als hätte man eine Baumschul-oder Rohpflanze vor sich.
Nachdem man sich für eine Vorderseite entschieden hat, pflanzt man den Baum im Frühjahr in ein kleineres Gefäß. Dies könnte schon eine erste Bonsai-Schale sein. Die nicht benötigten Äste werden jetzt entfernt. Die anderen werden durch Drahten oder Spannen in die gewünschte Stellung gebracht und anschließend auf die notwendige Länge eingekürzt. Nun wird die Pflanze für mindestens

zwei Wochen hell und windgeschützt aufgestellt. Danach kann sie entsprechend ihren natürlichen Bedürfnissen sonnig oder halbschattig stehen. Nun kann mit dem Düngen begonnen werden. Durch regelmäßiges Zurückschneiden, eventuell ergänzt durch weitere Drahtungsarbeiten oder das Ausarbeiten von Jin-Partien, entwickelt man den Baum in den nächsten zwei Jahren in die gewünschte Richtung. Hat der Baum nach dieser Zeit eine gewisse Reife erreicht, kann man ihm schließlich eine auf ihn zugeschnittene Schale anpassen.

Gemeiner Wacholder; Gestaltung Werner Trachsel.

Will man eine Pflanze der Natur entnehmen, sollte dies nie spontan geschehen, sondern sorgfältig vorbereitet sein. Zunächst besorgt man sich eine Sammelgenehmigung bei der zuständigen Behörde. Dann kann man zur richtigen Jahreszeit, in der Regel im Frühjahr, die Pflanze mit geeignetem Werkzeug in Ruhe ausgraben.

Laubbäume

Feldahorn
(Acer campestre)

Dieses auch häufig in Hecken angepflanzte Gehölz zählt zu den heimischen Bäumen. Ein alter, freistehender Feldahorn bildet auf einem kurzen Stamm eine runde Krone. Die unscheinbaren Blüten erscheinen im Mai. Die relativ kleinen (3–5 cm), gegenständig angeordneten, 3–5lappigen Blätter treiben kurz vor oder mit der Blüte im Mai. Die Herbstfärbung ist leuchtend gelb bis orange. Die Zweige sind häufig mit Korkleisten versehen. Ältere Stämme bilden später eine netzrissige, kräftige Borke.

Als Bonsai
Der Feldahorn-Bonsai mag einen sonnigen bis halbschattigen Standort. Auch windexponierte Stellen sind für ihn als Standplatz geeignet.
Ist diese Stelle nicht überdacht, so daß die Pflanze auch mal Regenwasser bekommt, kann auch mit hartem Leitungswasser gegossen werden.
Da leicht erhöhte Salzkonzentrationen im Boden gut vertragen werden, übersteht der Feldahorn auch lange regenfreie Sommerphasen meist ohne Blattschäden.
Als Pflanzsubstrat hat sich ein Gemisch aus AKADAMA, Sand und Pikiererde im Verhältnis von 2 : 1 : 1 bewährt. Mindestens alle 2 Jahre sollte die Erde zu zwei Dritteln ausgewechselt werden. Gedüngt wird von Mai bis August mit organischem Bonsai-Dünger. Auf den Herbst wird der Baum mit einer stickstoffarmen, kaliumbetonten Düngung Ende August, vorbereitet. Überwintert wird durch Einsenken des Ballens ohne Schale an schattiger Stelle im Garten oder auf dem Balkon in einer mit Sand und Torf gefüllten Kiste.

Gestaltung
Von den japanischen Stilarten kommt die Besenform der natürlichen Wuchsform am nächsten, sehr gut ist auch die aufrechte Form möglich. Die übrigen Stilarten sind ebenfalls geeignet.

Drahten
Wie bei allen *Acer*-Arten ist auch beim Feldahorn die Rinde sehr empfindlich, so daß vorsichtig gedrahtet werden muß. Sehr eng angelegte Drähte hinterlassen oft bleibende Narben. Um das Einwachsen zu verhindern, muß der Draht ständig beobachtet werden. Meist sind nur die einjährigen Äste noch leicht zu biegen. Zum Formen älterer Äste sollten Spanndrähte verwendet werden.

Rückschnitt
Vor dem Austrieb im Frühjahr werden alle Äste so stark wie möglich zurückgeschnitten, unter Berücksichtigung des zu erwartenden Zuwachses im bevorstehenden Jahr. Nach diesem Rückschnitt sollten die verbliebenen Knospen so viel Raumfreiheit haben, daß der Neuaustrieb nicht von anderen Trieben überdeckt wird. Je nachdem, in welcher Entwicklungsstufe sich der Baum befindet,wird der Frühjahrsaustrieb zu einem frühen oder späteren Zeitpunkt beschnitten: Soll der Stamm noch an Dicke zulegen, wird ab einer Trieblänge von ab 20 cm auf 2–3 Blattpaare zurückgeschnitten. Legt man mehr Wert auf eine feinere Verzweigung, kann der erste Austrieb bereits bei einer Länge von ca. 10 cm auf ein oder zwei Blattpaare zurückgeschnitten werden. Nach jedem Rückschnitt treibt der Feldahorn innerhalb von 2–3 Wochen wieder aus. Deshalb erfolgt der letzte Rückschnitt Ende Juli. Der folgende Austrieb wird pinziert, was in der Regel einen Austriebsstop bewirkt. Ein Blattschnitt im Mai wird gut vertragen. Dickere Äste sollten nicht vor dem Frühjahrsaustrieb entfernt werden, weil der Baum sonst stark bluten kann.

Pflanzenbeschaffung
Samen sammelt man ab August, bewahrt diese in feuchtem Sand im Kühlschrank auf und sät im Frühjahr aus.
Ältere Pflanzen findet man, oft schon sehr schön entwickelt, im Bonsai-Fachhandel.

Feldahorn, ca. 8 Jahre; Gestaltung Wolfgang Wirth.

Fächerahorn
(Acer palmatum)

Der Fächerahorn *(Acer palmatum)* kommt in seiner asiatischen Heimat als kleiner Baum an Waldsäumen und in Mittelgebirgen auch an sonnenexponierten, luftigen Stellen vor. Die mit 5 lanzettlichen Lappen versehenen Blätter treiben sehr früh. Sie sind im Austrieb rötlich, später grün und im Herbst leuchtend orange bis rot gefärbt. Der lange glatte Stamm kann im Alter eine dünne Borke entwickeln.
In Japan wird er seit Jahrhunderten in der Garten- und Bonsai-Gestaltung verwendet. Im Laufe der Jahre haben sich zahlreiche Form- und Farbvarianten herausgebildet, wie z. B.: *Acer palmatum* 'Deshojoh', eine häufig als Bonsai importierte, im Frühjahr leuchtend rot austreibende Sorte. *A. palmatum* 'Seigen' treibt am hellen Standort rosa aus und die in unseren Baumschulen am häufigsten kultivierte rotblättrige Sorte, *A. palmatum* 'Atropurpureum', treibt noch grün aus und färbt sich bei Sonneneinwirkung sehr schnell rot.

Als Bonsai
Als Bonsai sollte der Fächerahorn einen halbschattigen bis schattigen, vor starkem Wind geschützten Platz erhalten. Gegossen wird er mit kalk- und salzarmen Wasser (z.B. Regenwasser). Auf starken Wind, zu hohen Salzgehalt im Boden, und auf zu häufiges oder zu geringes Gießen reagiert der Fächerahorn mit braunen Blattspitzen. Als Pflanzsubstrat hat sich eine Mischung aus AKADAMA, Pikiererde und Sand im Verhältnis von 2 : 1 : 1 bewährt. Junge Pflanzen erhalten alle 1–2 Jahre frische Erde. Ältere Bäume können auch seltener umgepflanzt werden. Der Fächerahorn ist nur bedingt winterhart, das heißt, Temperaturen unter –5 °C im Wurzelbereich können ihn schädigen. Deshalb wird der Fächerahorn ohne Schale an schattiger Stelle im Garten überwintert, indem der Wurzelballen in die Erde eingesenkt wird oder er steht auf dem Balkon in einer mit Torf und Sand gefüllten Kiste. Bei Temperaturen unter –5 °C deckt man den Baum zusätzlich mit Laub, Zweigen, Stroh oder einer Folie ab.

Gestaltung
Die meisten japanischen Stilarten sind möglich. Sehr häufig ist die frei aufrechte Form, der Doppelstamm und Mehrfachstämme.

Drahten
Einjährige Äste lassen sich drahten. Die sehr empfindliche Rinde wird aber leicht beim Drahten verletzt, so daß bleibende Narben entstehen. Auch an Druckstellen und dort, wo der Draht beginnt einzuwachsen, entstehen Spuren, die lange sichtbar bleiben. Das Dikkenwachstum ist im oberen Kronenbereich besonders stark, so daß im Frühjahr angelegte Drähte bereits Ende Mai oft schon zu eng werden. Ältere Äste sollten deshalb durch Spanndrähte in Form gebracht werden.

Rückschnitt

Auch beim Fächerahorn wachsen Schnittstellen am besten zu, wenn größere Äste im Frühjahr, mit dem ersten Austrieb entfernt werden. Schneidet man früher, kann lang anhaltendes Bluten einsetzen.
Jungen, noch zu entwickelnden Pflanzen schneidet man den Zuwachs bei einer Länge ab 20–25 cm zurück. Wie weit zurückgeschnitten wird hängt vom Entwicklungsgrad des jeweiligen Astes und von seiner Stellung in der Krone ab.
Weiter entwickelte Pflanzen können vom 1. Austrieb an pinziert werden. Hierzu wird mit einer Pinzette die Triebspitze entfernt, sobald sich das 2. bzw. 3. Blattpaar zu entwickeln beginnt. Dies bewirkt kurze Blattabstände und feinere Äste.

Die Verzweigung eines Fächerahorns, der gesund ist und dessen Stamm bereits eine gewisse Stärke erreicht hat, kann leicht durch einen Blattschnitt verbessert werden. Er sollte allerdings bereits im Mai erfolgen.

Pflanzenbeschaffung

Samen keimen oft erst im 2. Jahr. Jungpflanzen werden im Bonsai-Fachhandel regelmäßig angeboten. Aber auch in Baumschulen sind nicht selten brauchbare Pflanzen zu bekommen. Ältere, bereits gestaltete Pflanzen in allen Preisklassen gehören zum Standardangebot des Bonsai-Fachhandels.

Fächerahorn, Höhe 60 cm, ca. 20 Jahre.

Dreispitzahorn
(Acer buergerianum)

Dieser aus Asien stammende, in Japan häufig als Alleebaum verwendete Ahorn entwickelt gegenständige, rötlich austreibende, später grüne, dreilappige, glattrandige Blätter, die sich im Herbst orange bis dunkelrot färben. Der im Alter kräftige Stamm wirft die Borke, ähnlich wie Platanen in größeren Platten ab und ist darunter orangefarben. Bei uns ist er manchmal als Parkbaum anzutreffen.

Als Bonsai
Der Dreispitzahorn zählt in Japan zu den traditionell am häufigsten für die Bonsai-Gestaltung verwendeten Laubbäumen. Seine Neigung, als Bonsai besonders kleine Blätter zu entwickeln, und sein Bestreben auch große Schnittstellen schnell und lückenlos zu schließen, machen ihn auch bei uns zu einem beliebten Bonsai.
Der Baum sollte im Freien, an einem sonnigen Platz, der nur vor der Mittagssonne geschützt sein muß, aufgestellt werden. Je mehr Luftbewegung vorhanden ist, umso kräftiger und widerstandfähiger werden die Blätter ausgebildet. Das Pflanzsubstrat sollte gut wasserdurchlässig sein und kann aus Akadama, Sand und Pikiererde im Verhältnis von 3 : 1 : 1 bestehen. Andere Mischungen werden ebenfalls erfolgreich verwendet. Wegen des üppigen Wurzelwachstum werden große Mengen Wasser verbraucht. Zum Gießen sollte salzarmes Wasser, zum Beispiel Regenwasser oder weiches Leitungswasser verwendet werden. Gedüngt wird reichlich mit einem organischen festen Bonsai-Dünger. Gut haben sich Rapsschrot-Kugeln bewährt.
Die Überwinterung erfolgt ohne Schale im Garten durch Einsenken des Ballens in die Erde oder auf dem Balkon in einer Kiste, die mit einer Mischung aus Torf und Sand gefüllt sein kann. Bei Temperaturen unter –5 °C bei Balkonüberwinterung oder unter –10 °C bei einer Überwinterung im Garten wird der Baum zusätzlich mit Zweigen, Stroh oder auch Folie abgedeckt.

Gestaltung
Der Dreispitzahorn ist, wenn man ihn erwirbt, in der Regel bereits vorgeformt. Üblich ist die aufrechte Form. Auch Doppel- und Mehrfachstämme und die Felsenform werden regelmäßig angeboten. Andere Stilarten und Wuchsformen sind ebenfalls denkbar.

Das Drahten
Leicht Drahten lassen sich noch ein- und zweijährige Zweige. Ältere Äste sollten durch Spannen in die gewünschte Form gebracht werden. Das Dickenwachstum kann sehr kräftig sein, so daß gedrahtete Zweige regelmäßig kontrolliert werden müssen, um ein Einwachsen des Drahtes in die Rinde zu verhindern.

Rückschnitt

Müssen bei einer Grundgestaltung kräftige Äste entfernt werden, erfolgt dies mit oder nach dem Frühjahrsaustrieb, weil Schnittstellen, die gut mit einem Wundverschlußmittel versorgt wurden, dann besonders schnell zuwachsen. Der erste Austrieb im Frühjahr wird bei wenig entwickelten Pflanzen ab einer Mindestlänge von 10–15 cm zurückgeschnitten. Schon 2 Wochen nach jedem Rückschnitt erscheint der nächste Austrieb, der ebenso behandelt wird. Bereits ausgereifte Pflanzen können auch schon ab einer Trieblänge von 5 cm geschnitten oder beim Erscheinen des 2. Blattpaares pinziert werden. Ab August werden alle folgenden Austriebe nur noch pinziert. Ein Blattschnitt zur Förderung der Verzweigung kann im Mai erfolgreich angewendet werden.

Pflanzenbeschaffung

Samen sind schwer zu bekommen. Der Dreispitzahorn läßt sich aber leicht durch Stecklinge vermehren. Hierzu werden leicht verholzte Triebspitzen verwendet. Jungpflanzen bekommt man regelmäßig im Bonsai-Fachhandel. Rohlinge sind selten. Ältere, bereits vorgestaltete Importbäume sind häufig im Handel zu erhalten.

Dreispitzahorn, ca. 15 Jahre; Gestaltung Wolfgang Böttcher.

Birken
(Betula)

Die meisten Birken entwickeln sich in der Natur unter Normalbedingungen zu schlanken, weißstämmigen Bäumen. Die Sandbirke entwickelt außerdem nach oben gerichtete Äste mit nach unten hängenden Astenden. Sie kann eine Höhe von 20 m und mehr erreichen. Im unbelaubten Zustand ist sie leicht an ihren warzigen Zweigen zu erkennen. Die wechselständigen Blätter treiben oft erst kurz nach der Blüte von April bis Mai. Die Herbstfärbung ist leuchtend gelb bis orange. Birken sind einhäusig, d.h. es gibt weibliche und männliche Pflanzen. Die Bestäubung besorgt der Wind. Die Früchte, geflügelte Nüßchen, reifen ab Juni und werden vom Wind verbreitet. Die Birke ist einer der wenigen Bäume, die fast jeder mit Namen kennt. Das macht sie auch als Bonsai-Pflanze sehr beliebt. Einen weißen Stamm und Baumform erreichen von den heimischen Arten in der Natur nur die Sand- und die Moorbirke. Besonders kleine, rundliche Blätter entwickelt die strauchförmig wachsende Zwergbirke. In Gärten und Parkanlagen werden häufig noch eine Vielzahl fremdländischer weißstämmiger Arten gepflanzt, die hier nicht alle namentlich genannt werden können. Außerdem ist Bastardbildung sehr häufig, so daß eine eindeutige Bestimmung oft sehr schwierig ist.

Als Bonsai

Als Standort wählt man für den Birken-Bonsai einen sonnigen luftigen Platz, an dem sich an heißen Tagen die Hitze nicht staut. Als Pflanzsubstrat kann nahezu jedes Material dienen, da die Birke hier keine besonderen Ansprüche stellt. Allerdings muß überschüssiges Gießwasser gut ablaufen können. Da Birken nach dem Wurzelschnitt nicht mehr frosthart

sind, werden sie am besten mit beginnendem Austrieb umgepflanzt. Wasser wird in großen Mengen verbraucht. Zum Wässern kann auch Leitungswasser verwendet werden. Ihre Salzempfindlichkeit macht reichliche Wassergaben oder die Verwendung von Regenwasser notwendig. Auf Ballentrockenheit und auf große Hitze wird mit dem Abwurf der inneren Blätter reagiert. Ab Austriebbeginn bis Anfang August kann vierzehntägig organischer Bonsai-Dünger gegeben werden. Hat der Baum im Herbst normal das Laub abgeworfen ist er sehr frostfest. Um auch im Winter ständig einen gleichmäßig feuchten Ballen zu gewährleisten, sollte dieser, nachdem der Baum das Herbstlaub abgeworfen hat, ohne Schale im Garten oder auf dem Balkon eingesenkt werden.

Gestaltung

Werden Schnittstellen nicht sorgfältig verschlossen, entstehen, auch noch nach längerer Zeit, leicht Infektionen, die zum Absterben des entsprechenden Astes führen. Wird dies jedoch beachtet, läßt sich eine Birke leicht gestalten. Es sind alle Stilarten denkbar. Typisch für die Sandbirke in der Natur sind, wie bereits erwähnt, eine schmale Krone und hängende Zweige. Die Hauptäste richten sich jedoch, oft auch bei alten Bäumen noch deutlich nach oben. Das bedeutet, daß beim Bonsai der Neuaustrieb jeweils nach unten gedrahtet werden muß, da dieser nicht, wie in der Natur, so schwer wird, daß er von selbst hängt.

Zwergbirke, ca. 10 Jahre; Gestaltung Dieter Schmidt.

Drahten

Junge Äste lassen sich leicht drahten. Ältere Äste werden besser gespannt. Will man ältere Äste drahten, erfolgt dies am besten im Frühjahr während des 1. Wachstumsschubes. Eventuell entstehende Risse in den Leitungsbahnen können in dieser Zeit am schnellsten repariert werden.

Rückschnitt

Nach jedem Rückschnitt treibt eine gut ernährte Birke innerhalb von 4 Wochen neu aus. Kräftige Äste entfernt man während der Vegetationszeit zwischen April und Juni. Ab August den Neuaustrieb nur noch pinzieren, um einen Austriebsstop zu erreichen. Ist trotzdem bis zum ersten Frost keine Herbstfärbung zu erkennen, muß die Pflanze bei Temperaturen unter –2 °C geschützt werden.

Pflanzenbeschaffung

Die reifen Samen können über Winter trocken gelagert und im Frühjahr ausgesät werden. Im Sommer findet man Sämlinge in fast jedem Blumenkasten oder auch auf der Erdoberfläche anderer Bonsai. Im Bonsai-Fachhandel werden regelmäßig Birken-Jungpflanzen und Rohlinge angeboten.

Um bei der Moor- oder Sandbirke einen weißen Stamm zu erreichen, pflanzt man diese bis zur Weißfärbung im Garten ein, wo sie bereits gestaltet werden kann. Erst dann wird sie in eine Schale gesetzt.

Hainbuche
(Carpinus betulus)

Blätter und Früchte der Hainbuche.

Die Hainbuche, ein kleiner Baum von 5–10 m Höhe, in seltenen Fällen auch bis 25 m, entwickelt oft mehrere Stämme und, wenn sie frei steht, eine ovale Krone. Die im Alter silbrige Rinde der krummen, »muskulösen« Stämme reißt in der Längsrichtung leicht auf, so daß eine interessante Streifenzeichnung entsteht. Nach der Windbestäubung entwickeln sich aus der weiblichen Blüte, kleine Nüßchen, die unterstützt durch ein dreilappiges Flugorgan vom Wind verbreitet werden. Die eiförmigen, wechselständigen, am Rand doppelt gesägten Blätter treiben Ende April, Anfang Mai. Die Herbstfärbung ist leuchtend gelb. Das später braune Laub bleibt zur Beschattung des Stammes oft den ganzen Winter bis zum Neuaustrieb am Baum.

Als Bonsai
Die vor allem als Heckenpflanze bekannte Hainbuche, die zu den Birkengewächsen zählt, ist wegen der hohen Schnittverträglichkeit und ihrer Wuchsfreudigkeit im Bonsai-Bereich eines der beliebtesten heimischen Gehölze.
Die Hainbuche liebt ganzjährig einen halbschattigen, luftigen Standort im Freien. Bezüglich des Pflanzsubstrates ist die Hainbuche sehr flexibel. Häufig wird ein Gemisch aus Lehmgranulat (= AKADAMA), Sand und Pikiererde im Gewichtsverhältnis von ca. 1:1:1 verwendet. Bei jüngeren Pflanzen werden mindestens alle 2 Jahre zwei Drittel des Pflanzsubstrates ausgewechselt. Ältere, gut entwikkelte Pflanzen können auch seltener umgepflanzt werden. Häufig entwickelt sich im Substrat ein Symbiose-Pilz, der im Spätsommer seine Fruchtkörper in Form kleiner Pilze bildet. Die Hainbuche sollte mit Regenwasser gegossen werden, verträgt aber auch Leitungswasser, wenn die Pflanze so aufgestellt ist, daß sie bei Regen gut naß wird. Regnet es allerdings lange Zeit nicht, sollte das Gießwasser nicht zu kalk- und salzhaltig sein, weil sonst leicht braune Blattränder auftreten. Der Nährstoffbedarf ist sehr hoch. Gute Erfahrungen wurden mit organischen Bonsai-Düngern in Pulver- oder Kugelform gemacht. Kräftig gedüngt wird ab Austriebsbeginn bis Ende Juli. Treten trotzdem Mangelerscheinungen auf, kann vorsichtig mit Mineraldünger nachgedüngt werden. (Vorsicht: Die Hainbuche ist salzempfindlich). Die Überwinterung erfolgt im Garten durch Einsenken des Ballens ohne Schale in die Erde oder in einer Kiste die mit einem Gemisch aus Torf und Sand gefüllt ist. Bei Temperaturen unter –10 °C kann die Pflanze zusätzlich mit Folie, Stroh oder Tannenzweigen abgedeckt werden.

Gestaltung
Bei der Hainbuche sind alle japanischen Stilformen möglich. Die häufigste ist die »aufrechte Form«, die auch ohne Draht, also durch gezielten Rückschnitt, aus einer Jungpflanze gestaltet werden kann.

Drahten
Soll eine ältere Pflanze gestaltet werden, muß in der Regel Draht Verwendung finden. Ein- und zweijährige Äste lassen sich meist noch gut biegen, der

Draht wächst allerdings sehr leicht ein. Ältere Äste formt man mit Spanndrähten.

Rückschnitt

Starke Äste entfernt man im Frühjahr, am besten kurz vor dem Austrieb. Dann wachsen die Schnittstellen besonders schnell zu. Je nach Gestaltungsziel kann der Neuaustrieb bei einer Länge zwischen 5 und 30 cm zurückgeschnitten werden, nach dem Grundsatz: Je länger der Neuaustrieb werden kann, um so stärker ist das Dickenwachstum. Da die Hainbuche nach jedem Schnitt neu austreibt ist eine feine Verzweigung relativ schnell zu erreichen. Auch ein früher Blattschnitt (ca. 4 Wochen nach dem ersten Austrieb) wird bei ausreichender Nährstoffversorgung gut vertragen, verzögert allerdings das Dickenwachstum.

Pflanzenbeschaffung

Samen sammelt man im Herbst, bewahrt sie den Winter über in feuchtem Sand im Kühlschrank auf und sät im Frühjahr aus. Jungpflanzen und ältere gestaltete Bonsai sind im Fachhandel erhältlich.

Hainbuche, Höhe 80 cm, ca. 25 Jahre.

Felsenmispel
(Cononeaster)

Cotoneaster oder Felsenmispeln sind kleinblättrige, vielgestaltige zierliche bis mittelhohe Sträucher, die häufig in Gärten, öffentlichen Grünanlagen und auf Gräbern zu finden sind. Ihre Heimat reicht von Europa und Nordafrika bis nach Asien.
Es kommen sowohl sommergrüne als auch immergrüne Arten vor. Die Blüte kann weiß bis rot sein und die Farbe der kleinen Früchte variiert gewöhnlich von rot über orange bis gelb.

Als Bonsai
Wegen ihrer kleinen Blätter, Blüten und Früchte eignen sich Felsenmispeln besonders gut zur Gestaltung von Mame-Bonsai, aber auch für Felsenpflanzungen werden sie oft verwendet.
Felsenmispeln müssen ganzjährig im Freien gehalten werden. Sie bevorzugen einen sonnigen bis halbschattigen Standort, der auch windig sein kann.
An das Substrat werden keine besonderen Ansprüche gestellt. Zum Beispiel hält sie sich in purer Japan-Erde (AKADAMA) ebenso wie in einer Mischung aus Lehm, Sand und Pikiererde im Verhältnis 1 : 1 : 1. Auch andere gut wasserdurchlässige Substrate können verwendet werden.
Natürlich ist Staunässe zu vermeiden. Deshalb wässert man, sobald die Erdoberfläche leicht angetrocknet ist. Die Felsenmispel erträgt kurzzeitige Trockenheit sehr gut. Gewässert werden kann auch mit hartem Leitungswasser, da ein gewisser Kalkgehalt der Erde der Pflanze gut tut.
Gedüngt wird von April bis August mit organischem oder mineralischem Bonsai-Dünger.
Überwintert wird im Freien, indem der Ballen ohne Schale in die Erde eingesenkt wird. Immergrüne Arten werden bei Temperaturen unter –10 °C mit Laub, Stroh oder Folie abgedeckt.

Gestaltung
Die Felsenmispeln lassen sich leicht formen. Obwohl sie in der Natur kriechend oder strauchförmig wachsen, lassen sie sich leicht in jede gewünschte Stilart bringen.

Drahten
Mit Hilfe von Draht lassen sich auf dreijährige Äste noch relativ leicht in die gewünschte Form bringen. Ältere Äste werden dagegen besser mit Spanndrähten geformt.

Rückschnitt
Bei jungen, wenig entwickelten Pflanzen kann der Rückschnitt ab einer Trieblänge von 10–15 cm erfolgen. Da sie bei dieser Länge oft bereits Seitenäste ausbildet kann der Rückschnitt so erfolgen, daß ein bereits vorhandener Seitenast die Triebspitze übernimmt. Bereits länger gestaltete und weiter entwickelte Pflanzen werden ab einer Trieblänge von

5 cm auf 1–2 cm zurückgeschnitten.
Sollen bei einer Grundgestaltung ältere Äste entfernt werden erfolgt dies am besten mit dem Frühjahrsaustrieb, da in dieser Zeit das Zuwachsen der Schnittstellen, die von der Pflanze wegen des geringen Dickenwachstums nur langsam verschlossen werden, nicht noch unnötig verzögert wird.

Pflanzenbeschaffung

Die vom Fruchtfleisch befreiten Samen bewahrt man über Winter in feuchtem Sand im Kühlschrank auf und sät im Frühjahr aus. Felsenmispeln lassen sich auch leicht durch Stecklinge vermehren. Fast jede Gärtnerei hat mehrere geeignete Arten in verschiedenen Altersstufen im Angebot. Ältere Rohpflanzen liefert der Abfallhaufen von Friedhöfen. Aber auch als bereits gestaltete Pflanzen sind verschiedene Arten im Bonsai-Fachhandel erhältlich.

Felsenmispel, ca. 15 Jahre; Gestaltung Dieter Hamacher.

Weißdorn
(Crataegus)

Die Weißdornarten wachsen strauch- und baumförmig. Einige bilden einen spannrückigen Stamm, das heißt, dieser ist nicht einheitlich rund, sondern läßt den Verlauf der Leitungsbahnen von außen erkennen und erinnert im Aussehen an die muskulösen Arme eines Leistungssportlers. Die Borke ist flachschuppig und dunkelbraun. Die dunkelgrünen Blätter sind wechselständig angeordnet und färben sich im Winter, je nach Art, gelb bis dunkelrot. Es sind weißblütige Arten ebenso wie solche mit roten Blüten bekannt. Nach Insektenbestäubung entwickeln sich im reifen Zustand dunkelrote Früchte unterschiedlicher Größe, die entsprechend der Griffelzahl der Blüten unterschiedlich viele Kerne enthalten.
Die Äste sind mit zahlreichen Dornen und in Dornen verlaufenden Kurztrieben versehen. Die heimischen sind ebenso wie die zahlreichen eingeführten Arten in ganz Europa anzutreffen.

Als Bonsai
Der Weißdorn liebt das ganze Jahr hindurch einen sonnigen bis halbschattigen Standort im Freien, der sehr windig sein kann. Die Pflanze kann ständig gut bis mäßig feucht gehalten werden. Wegen ihrer Salzempfindlichkeit sollte bei Verwendung von Leitungswasser ausdauernd gegossen werden um eine Anreicherung der hier gelösten Salze zu vermeiden. Das Substrat kann sehr unterschiedlich sein. Gute Resultate erhält man mit einer Mischung aus Lehmgranulat, Sand und Pikiererde im Verhältnis von 1:1:1. Das Substrat sollte gut durchlässig, also nicht zu feinkörnig sein. Der Weißdorn hat einen relativ hohen Nährstoffbedarf. Von April bis Juli kann 14-tägig mit organischem Bonsai-Dünger gedüngt werden. Im August kann der Stickstoffanteil im Dünger niedriger sein. Zum Beispiel kann dann Kakteendünger verwendet werden. Überwintert wird durch Einsenken den Ballens ohne Schale im Garten, oder auf dem Bolkon in einer mit Torf und Sand gefüllten Kiste.

Der Weißdorn trägt attraktive rote Früchte.

Gestaltung
Der Weißdorn läßt sich, wenn er jung gestaltet wird, leicht in alle japanischen und anderen Stilarten bringen.

Drahten
Äste bis zu 5 mm Dicke lassen sich meist noch leicht durch Drahten formen. Gedrahtet wird frühestens mit Austriebsbeginn. Zu dieser Zeit sind auch noch keine Blätter im Weg. Das Dikkenwachstum ist bei den meisten Arten nicht sehr stark, so daß ein im Frühjahr angelegter Draht in der Regel die gesamte Vegetationsperiode am Baum bleiben kann. Ist der Draht im Herbst noch nicht zu eng geworden, kann er auch den Winter über am Baum verbleiben und wird erst mit beginnendem Neuaustrieb im nächsten Jahr wieder entfernt und, wenn nötig, durch einen neuen Draht ersetzt.

Rückschnitt
Stärkere Äste entfernt man am besten im Frühjahr um einen möglichst schnellen Verschluß zu gewährleisten. Aber auch dann brauchen die kleinwüchsigeren Arten oft mehrere Jahre um eine Wunde zu schließen. Alle am Stamm entstandenen Schnittstellen werden direkt nach der Gestaltung mit einem Wundverschlußmittel versorgt. Der Weißdorn treibt im Frühjahr nicht an allen Knospen Langtriebe aus. Die meisten bleiben nach der Bildung der ersten Blätter im Wachstum stehen. Die Langtriebe werden bei jün-

geren Pflanzen ab einer Länge von ca. 15 cm auf 2–5 Blätter, je nach geplanter Astlänge, zurückgeschnitten. Ältere Pflanzen werden auch früher eingekürzt, um eine möglichst feine äußere Verzweigung zu erreichen.

Pflanzenbeschaffung

Samen der heimischen Pflanzen sammelt man ab September, entfernt das Fruchtfleisch und bewahrt sie in feuchtem Sand im Kühlschrank auf. Im Frühjahr sät man aus. Jungpflanzen findet man meist im eigenen Garten in der Nähe von Vogelsitzplätzen, wie z.B. in Zaunnähe. In Bonsai-Fachbetrieben werden auch die rotblütigen Arten in unterschiedlichen Entwicklungsstufen regelmäßig angboten.

Weißdorn, ca. 25 Jahre; Sammlung G. Arnold.

Rotbuche und Kerbbuche

(Fagus silvatica, F. crenata)

Der Rotbuche, dem in Mitteleuropa wichtigsten Waldbaum, ist die asiatische Kerbbuche sehr nah verwandt. Beide Arten entwickeln sich im Freistand zu stattlichen Bäumen, deren Äste fast bis zum Boden reichen und eine mächtige runde Krone bilden. Die grau, bei der Kerbbuche auffällig silbriggraue Rinde bleibt auch bei alten Bäumen glatt. Die einhäusigen Pflanzen blühen unscheinbar, werden vom Wind bestäubt und entwickeln bis zum Herbst in einem Fruchtbecher dreikantige Samen, nämlich die bei der Rotbuche eßbaren Bucheckern. Die wechselständigen, spitzeiförmigen Blätter sind bei der Kerbbuche etwas schmaler und kleiner ausgebildet. Sie treiben oft erst Anfang Mai aus einer auffällig langgezogenen, spitzen, zimtfarbenen Knospe aus und sind zunächst samtig bewimpert. Später sind die Blätter allerdings fast kahl. Die Herbstfärbung ist orangegelb bis gelb. Das später braune Laub bleibt oft den ganzen Winter am Baum und wird erst kurz vor dem Neuaustrieb abgeworfen.

Blutbuche, ca. 25 Jahre; Gestaltung F.-J. Thönnessen.

Als Bonsai

Als Bonsai bevorzugen beide Buchen einen halbschattigen Standort, der von der Mittagssonne verschont bleibt. Auch starkem Wind sollten sie nicht ausgesetzt sein. Da sie sehr salzempfindlich sind, verwendet man zum Gießen Regenwasser oder anderes salzarmes Wasser. Steht nur Leitungswasser zur Verfügung, muß so stark gegossen werden, daß ein großer Teil des Gießwassers wieder abläuft und dadurch evtl. bereits angereicherte Salze wieder ausgeschwemmt werden. Gedüngt wird reichlich ab Austriebsbeginn. Der Dünger sollte einen relativ hohen Kaliumanteil enthalten. Dadurch können die Pflanzen einen besseren Verdunstungsschutz aufbauen. Als Pflanzsubstrat kann ein Gemisch aus japanischem Lehmgranulat, Sand und Pikiererde im Verhältnis von 1:1:1 verwendet werden. Buchen sollten mindestens alle 2 Jahre umgepflanzt werden. Überwintert wird im Garten, indem der Ballen an einer schattigen Stelle ohne Schale eingegraben wird, oder auf dem Balkon in einer mit Torf und Sand gefüllten Kiste. Während längerer Frostperioden mit Temperaturen unter –10 °C sollten die Pflanzen zusätzlich mit Zweigen, Stroh oder Folie abgedeckt werden.

Gestaltung
Der natürlichen Wuchsform der Buchen entspricht von den japanischen Stilarten am besten die »aufrechte Form«. Aber auch die meisten anderen Stilarten sind möglich.

Rückschnitt
Sobald der erste Austrieb sich voll entwickelt hat, wird dieser zurückgeschnitten. Ist kein längerer Ast erforderlich, läßt man nur 1 oder 2 Blätter stehen. Innerhalb von ca. 3 Wochen nach dem 1. Rückschnitt treibt eine Buche erneut aus. Auch dieser Austrieb kann auf 1 oder 2 Blätter zurückgenommen werden.
Da die am Baum verbliebenen Blätter nun sehr groß werden, kann, wenn der Baum gesund ist und gut gedüngt wurde, nach weiteren 2 Wochen ein Blattschnitt erfolgen. Vorsicht: Ohne Laub wird keine direkte Sonne vertragen – also bis zum nächsten Austrieb schattig aufstellen. Meist treiben die oberen Äste besser als die unteren. Deshalb wird oben immer etwas früher geschnitten als im unteren Kronenbereich. Starke Äste schneidet man am besten im Frühjahr kurz vor dem Austrieb und verschließt die Schnittstelle mit einem Wundverschlußmittel.

Kerbbuche, ca. 15 Jahre.

Drahten
Das Drahten erfordert sehr viel Fingerspitzengefühl, da die Rinde leicht verletzt wird und sehr eng anliegende Drähte leicht bleibende Spuren hinterlassen. Im Juni erfolgt ein plötzliches Dickenwachstum, so daß Drähte, die man nur wenige Tage aus den Augen gelassen hat, einwachsen können. Wenn möglich, verwendet man nur Spanndrähte.

Pflanzenbeschaffung
Samen sammelt man im Herbst, legt diese in feuchten Sand und bewahrt sie bis zum Frühjahr im Kühlschrank auf. Dann sät man aus. Frühestens nach 2 Jahren wird zum ersten Mal geschnitten. In guten Bonsai-Fachbetrieben werden Rotbuchen, ebenso wie Kerbbuchen, in großer Auswahl angeboten.

Apfelbaum
(Malus spec.)

Der kleine uralte Kulturbaum trägt im Alter eine breit-ovale, oben plattgedrückte, oft auch unregelmäßige Krone. Der spannrückige Stamm zeigt bei älteren Pflanzen eine in Schuppen abbröckelnde Borke. Die im knospigen Zustand rötlichen, später weißen Blüten entwikkeln sich nach dem Laubaustrieb im Mai an Kurztrieben. Nach der erfolgten Insektenbestäubung entwickeln sich je nach Sorte mehr oder weniger zahlreiche Früchte, die sich in Größe und Farbe unterscheiden. Die meist eliptischen, am Rand gesägten Blätter sind unterseits leicht filzig. Es sind auch zahlreiche rotlaubige Sorten anzutreffen. Die Herbstfärbung reicht von schmutzig gelbbraun bis leicht orange.

Als Bonsai
Für die Bonsai-Gestaltung werden meist die kleinfrüchtigen Sorten verwendet.
Der Apfelbaum liebt als Bonsai einen sonnigen, luftigen Standort. Sein Wasserbedarf ist sehr hoch. Von allen Baumarten ist er der erste, der an heißen Tagen die jungen Triebspitzen wegen Wassermangel hängen läßt. Der Apfel zählt zu den kalkliebenden Gehölzen und kann deshalb auch mit hartem Leitungswasser gegossen werden. Als Pflanzsubstrat kann eine Standard-Bonsaierde mit einem Anteil an Lehmgranulat, Sand und Pikiererde im Verhältnis 1:1:1 dienen. Wegen des hohen Wasserbedarfs sollte das Pflanzgefäß nicht zu klein gewählt werden, damit genügend Wasser vom Substrat für den Tagesbedarf der Pflanze gespeichert werden kann.
Die Düngung erfolgt mit festem organischem Bonsaidünger, z.B. Düngekugeln, von Mai bis Mitte August. Eine vorsichtige Mineraldüngung ist ebenfalls möglich. Wird der Baum die gesamte Vegetationsperiode regelmäßig zurückgeschnitten, treibt er bei guter Ernährung bis zum Spätsommer nach jedem Rückschnitt neu aus. Überwintert wird der Apfelbaum im Garten, indem der Ballen ohne Schale an schattiger Stelle eingegraben wird, oder auf dem Balkon in einer mit Torf und Sand gefüllten Kiste.

Früchte des Bonsai-Apfelbaumes entwickeln sich oft besonders zahlreich.

Gestaltung
Die sehr oft aus Japan importierten Apfelbäume zeigen auf einem dicken kurzen Stamm kaum verzweigte, dicke blühende oder fruchtende Äste. Diese Bäumchen haben kaum eine Ähnlichkeit mit unserem Apfelbaum in der Natur. Natürlich lassen sich Apfelbäume ähnlich wie andere Gehölze auch in die ganz normale Besenform oder in die aufrechte Form ziehen.

Rückschnitt
Der Rückschnitt kann je nach Alter des Baumes ab einer Trieblänge von 5–10 cm erfolgen. Mindestens ein Blatt sollte stehenbleiben, um ein Austreiben der Kurztiebe, die in der Regel Blütentriebe sind, zu verhindern. Nach einem starken Rückschnitt im Sommer kommt es trotzdem gelegentlich vor, daß der Baum die eigentlich fürs nächste Jahr vorgesehenen Blüten schon austreibt, so daß dann fast reife Früchte und frische Blüten am selben Baum sitzen. Ältere Äste schneidet man im Frühjahr mit dem Neuaustrieb zurück, da dann die Schnittstelle am besten zuwächst.

Drahten
Nur die ein- und zweijährigen Äste lassen sich noch leicht durch Drahten in die gewünschte Richtung biegen. Stärkere Äste formt man, um Verletzungen der Rinde durch Draht zu vermeiden, am besten mit Spanndrähten.

Pflanzenbeschaffung

Samen sammelt man im Herbst, befreit sie vom Fruchtfleisch und bewahrt sie den Winter über in feuchtem Sand im Kühlschrank auf. Im Frühjahr wird dann ausgesät. Da die meisten Apfelbäume veredelt sind, entwickeln sich aus den Samen nicht die Sorten, denen man den Samen entnommen hat.

Es ist deshalb erfolgversprechender, wenn man sich gleich die gewünschte Sorte als Jung- oder Rohpflanze im Bonsai-Fachhandel besorgt. Hier werden meist verschiedene Sorten in unterschiedlichen Altersstufen angeboten.

Apfelbaum, ca. 18 Jahre; Sammlung F.-J. Thönnessen.

Eiche
(Quercus)

Die meisten Eichen bilden im Freistand einen kurzen, im Alter sehr kräftigen Stamm mit borkiger Rinde, dem eine weit ausladende Krone aufsitzt. Die knorrigen, starkt geknickten Äste sind relativ licht. Die Blätter sind unregelmäßig gelappt und bei den immergünen Arten des Mittelmeergebietes auch mit stachelähnlichen Spitzen versehen.
Die getrenntgeschlechtlichen Blüten erscheinen im Frühjahr. Die männlichen Blütenstände, unscheinbare grünlichgelbe Kätzchen, hängen in der Nähe der weiblichen, einzeln sitzenden Blüten. Nach erfolgter Windbestäubung entwickeln sich die bei der Stieleiche zu wenigen an langen Stielen und bei der Traubeneiche zu vielen in Trauben sitzenden Eicheln.

Als Bonsai
Wegen ihrer Artenvielfalt können hier nur die häufgtsten Arten, die Traubeneiche und die Stieleiche beschrieben werden. Wegen ihrer mythologischen Bedeutung ist die Eiche bei uns ein wichtiger Baum und sollte in keiner Sammlung einheimischer Bonsai fehlen.
Eichen müssen ganzjährig im Freien gehalten werden. Hier bevorzugen sie einen halbschattigen bis sonnigen Platz der nicht zu geschützt sein sollte. Auch an Standorten mit extremer Windbelastung können sie gedeihen. Durch ihre relativ hohe Salzverträglichkeit und ihre Zuneigung zu leicht kalkhaltigem Boden können sie auch mit Leitungswasser gegossen werden. Gedüngt wird reichlich von April bis August mit festem organischem Dünger, z.B. mit Rapsschrotkugeln. Aber auch mit mineralischem Flüssigdünger wurden gute Ergebnisse erziehlt. Junge Pflanzen brauchen, um sich möglichst schnell zu entwickeln, mindestens alle 2 Jahre neue Erde.
Die Erde kann verschieden sein: Die Stieleiche mag sandiges Substrat ebenso wie besonders lehmiges. Ein Gemisch aus AKADAMA (jap. Lehmgranulat), Sand und Pikiererde im Gewichtsverhältnis von 1:1:1 hat sich gut bewährt.
Der beste Zeitpunkt für das Umtopfen liegt zwischen Februar und April. Eichen sollten nicht im Herbst umgepflanzt werden. Nach harten Wintern zeigt sich immer wieder, daß Eichen als Bonsai sehr frostempfindlich sind. Der Wurzelballen sollte auf jeden Fall gut geschützt werden. Geschwächte Bäume überwintert man am besten frostfrei. Allerdings sollten dann alle Blätter, wegen der Gefahr einer Pilzinfektion entfernt und der Baum vorsorglich mit einem Fungizid eingesprüht werden.

Eiche, ca. 25 Jahre; Gestaltung Karl-Heinz Werner.

Gestaltung
Eichen lassen sich in alle Wuchsformen und Stilarten gestalten.

Drahten
Einjährige Äste lassen sich noch gut drahten. Wegen des starken Dickenwachstums muß der Draht regelmäßig kontrolliert werden, um ein Einwachsen und damit bleibende Spuren zu verhindern. Ältere Äste werden besser gespannt.

Rückschnitt
Eichen sind sehr schnittverträglich. Da der Austrieb im oberen Kronendrittel sehr dominant ist, sollte hier in jedem Frühjahr die Verzweigung, die sich im Laufe des vergangenen Jahres gebildet hat mindestens auf das Maß der Verzweigung der darunter liegenden Äste reduziert werden. Außerdem wird an allen Ästen, an denen eine Verzweigung gewünscht wird, die Endknospe entfernt. Bei Pflanzen, deren Stammdicke noch nicht optimal entwickelt ist, sollte der erste Austrieb im Frühjahr mindestens 20–30 cm lang werden. Jedoch spätestens 3 Wochen nach dem Austrieb kann der 1. Rückschnitt erfolgen. Bei guter Ernährung treibt die Eiche nach jedem Rückschnitt innerhalb von 3 Wochen wieder aus.

Pflanzenbeschaffung
Die im Herbst (September bis Oktober) gesammelten Samen überwintert man in feuchtem Sand im Kühlschrank und sät im zeitigen Frühjahr aus. Im Bonsai-Fachhandel sind ungestaltete Stieleichen verschiedenen Alters erhältlich. Diese bilden meist das am besten geeignete Grundmaterial für eine Bonsai-Eiche.

Winterlinde
(Tilia cordata)

In der Natur entwickelt sich die Winterlinde zu einem 10–30 m hohen Baum, bei dem mehrere gleichstarke Hauptäste nach oben wachsen, denen waagerechte Seitenäste entspringen. Meist bildet sie eine stattliche, im Freistand weit ausladende Krone. Die relativ kleinen, herzförmigen, wechselständigen Blätter treiben im Mai. Die Herbstfärbung ist leuchtend gelb. Die zwittrige, gelblichweiße Blüte erscheint erst im Sommer (Ende Juni/Anfang Juli) und stellt eine wichtige Bienenweide dar. Die Früchte, fast erbsengroße Nüßchen, sind mit einem Hochblatt versehen, das als Flugorgan dient.

Als Bonsai
Von den verfügbaren Lindenarten bildet die Winterlinde die kleinsten Blätter aus, weswegen sie für die Bonsaigestaltung anderen Arten vorzuziehen ist. In der Natur mag die Winterlinde vollsonnige Standort. Als Bonsai sollte sie jedoch, wegen ihrer Salzempfindlichkeit einen halbschattigen Platz im Freien erhalten. Hat man Regenwasser zur Verfügung, wirkt sich dies oft sehr günstig auf die Beschaffenheit der Blätter im Hochsommer aus, da hier kaum Salze enthalten sind. Die Linde kann gut feucht gehalten werden; Staunässe ist allerdings zu vermeiden. Die Erde kann aus einem Drittel Pikiererde, zwei Dritteln AKADAMA und etwas Sand bestehen. Aber auch andere Mischungen werden gut vertragen. Junge Pflanzen sollten mindestens alle 2 Jahre umgetopft werden. Für eine optimale Entwicklung muß auf eine gute Nährstoffversorgung geachtet werden. Die Winterlinde sollte hauptsächlich organisch gedüngt werden, eine vorsichtige mineralische Zusatzdüngung ist dann vorteilhaft, wenn erhöhter Bedarf, zum Beispiel während des Frühjahrsaustriebs, vorliegt oder wenn aufgrund ungünstiger Witterungsverhältnisse aus dem organischen Dünger nicht genügend Nährstoffe frei werden. Von August bis Mitte September kann die Linde mit einem kaliumbetonten, stickstoffarmen Dünger auf den Winter vorbereitet werden.
Die Überwinterung erfolgt entweder im Garten, indem der Ballen ohne Schale an schattiger Stelle in die Erde eingesenkt wird, oder auf dem Balkon in einer mit Torf und Sand gefüllten Kiste. Bei Temperaturen unter −10 °C sollte zusätzlich mit Folie, Laub oder Zweigen abgedeckt werden.

Gestaltung
Grundsätzlich sind alle Stilarten möglich. Von den klassischen japanischen Stilarten kommt die Besenform der natürlichen Wuchsform zwar am nächsten, aber auch andere Stilarten, wie zum Beispiel die »aufrechte Form« oder der »Doppelstamm« werden häufig bei der Gestaltung gewählt.

Rückschnitt
Die Winterlinde ist sehr schnittverträglich. Nach jedem Rückschnitt treibt sie innerhalb von ca. 3 Wochen wieder aus. Bei entsprechender Düngung bei einem noch wenig verzweigten Baum sind 3–5 Austriebe im Jahr möglich. Spätestens Ende August stellt man den Rückschnitt ein bzw. pinziert weitere Austriebe, damit die Pflanze rechtzeitig vor dem Winter das Wachstum einstellt. Größere Äste sollten im Frühjahr oder während der Vegetationsperiode entfernt werden, weil in dieser Zeit die Schnittstellen besonders schnell verheilen. Allerdings müssen größere Schnittstellen gut verschlossen werden.
Auf einen Blattschnitt in der Zeit von Mai bis Juni reagiert eine gesunde Winterlinde sehr willig, wodurch die Blattgröße sowie die Verzweigung deutlich verbessert werden kann. Da hierdurch allerdings das Dickenwachstum gehemmt wird, sollte ein Blattschnitt nur bei Bäumen erfolgen, die bereits einen kräftigen Stamm vorweisen können.

Drahten
Soll der Baum mit Hilfe von Draht in Form gebracht werden, ist die Vegetationsperiode die beste Zeit, den Draht anzulegen.

Winterlinde, ca. 15 Jahre; Gestaltung Edith Reigber.

Dies muß sehr vorsichtig geschehen, da die Rinde empfindlich ist und Verletzungen noch lange sichtbar bleiben. Oft lassen sich auch ältere Zweige noch gut drahten. Besonders dicke Äste können schonender mit Spanndrähten in Form gebracht werden.

Pflanzenbeschaffung

Samen sammelt man Ende September/Anfang Oktober und bewahrt diese den Winter über in feuchtem Sand im Kühlschrank auf, und sät sie im Frühjahr aus. Oft keimen sie allerdings erst im zweiten Jahr. Brauchbare Jungpflanzen zwischen 2 und 5 Jahren findet man in Bonsai-Fachbetrieben.

Ulmen und Zelkoven
(Ulmus, Zelkova)

Ulmen und Zelkoven sind sehr nah verwandt und auch als Bonsai ähnlich zu halten. Deshalb sollen sie hier gemeinsam behandelt werden. Die dichten, weit ausladenden Kronen werden, wenn die Bäume frei stehen, von einem kurzen, kräftigen, borkigen oder glatten Stamm getragen. Die bei den heimischen Ulmen im zeitigen Frühjahr vor dem Laubaustrieb erscheinenden, in Büscheln stehenden unscheinbaren Blüten entwickeln breit geflügelte, runde Nüßchen, die vom Wind verbreitet werden und noch im selben Sommer keimen. Die wechselständigen, spitzeiförmigen bis ovalen, manchmal asymetrischen Blätter treiben zwischen April und Mai. Die Herbstfärbung ist je nach Art leuchtend gelb, orange oder dunkelrot.

Als Bonsai
An den Standort stellen Ulmen und Zelkoven keine besonderen Ansprüche. Er sollte sich nur im Freien befinden. Es ist eine gute Entwicklung sowohl in der vollen Sonne als auch im Halbschatten zu beobachten. Auch windige Plätze werden gut vertragen. Als Pflanzsubstrat hat sich ein Gemisch aus japanischem Lehmgranulat (AKADAMA), Sand und Pikiererde im Verhältnis von 1:1:1 gut bewährt. Aber auch andere Mischungsverhältnisse wurden gut vertragen. Mindestens alle

2 Jahre sollte die Erde bei jungen wie auch bei alten Bäumen ausgewechselt werden. Da sie meist nicht salzempfindlich sind, kann auch mit Leitungswasser gegossen werden. Sie können relativ feucht gehalten werden, allerdings ist Staunässe, wie bei den meisten Bäumen, zu vermeiden. Natürlich ist der Wasserbedarf in der vollen Sonne genauso wie im Wind besonders groß. Der Nährstoffbedarf ist hoch, so daß auf regelmäßige Düngung besonderer Wert gelegt werden muß. Überwintert wird im Garten, indem der Ballen ohne Schale in die Erde eingesenkt wird, oder auf dem Balkon in einer mit Torf und Sand gefüllten Kiste. Ab −5 °C kann mit Folie, Laub oder Tannenzweigen zusätzlich abgedeckt werden.

Rückschnitt

Um einen guten Start ins Jahr zu gewährleisten, läßt man den ersten Austrieb im Frühjahr relativ lang werden: bei jungen Bäumen ca. 20 cm und bei alten Bäumen ca. 15 cm. Dann schneidet man stark zurück.

Feld-Ulme, ca. 10 Jahre; Sammlung Reginald Jooren.

Der nach ca. 2 Wochen erscheinende Neuaustrieb kann dann schon ab 10 cm Länge geschnitten werden. Dadurch bleiben die äußeren Äste dünn und die Verzweigung besonders fein. Da nach jedem Rückschnitt ein Neuaustrieb erfolgt, wird ab August nur noch pinziert, damit der Baum das Wachstum einstellt. Hierzu wird, sobald ein Austrieb 3–4 Blätter ausgebildet hat, die Triebspitze entfernt. Ältere Äste entfernt man am besten im Frühjahr vor dem ersten Austrieb. Die Schnittstellen müssen sorgfältig mit einem Wundverschlußmittel versorgt werden.

Drahten

Meist kann bei der Feldulme auf Draht verzichtet werden, weil die Wuchsrichtung leicht durch gezielten Rückschnitt gelenkt werden kann. Bei der Gestaltung älterer Pflanzen ist es trotzdem manchmal nötig, die Stellung der bereits vorhandenen Äste zu verändern. Dies kann leicht mit Hilfe von Spanndrähten erfolgen.

Pflanzenbeschaffung

Samen sammelt man im Mai und sät sofort aus. Noch junge Pflanzen findet man relativ oft bei Spaziergängen oder im Handel. Ältere Ausgangspflanzen in unterschiedlichen Entwicklungsstadien findet man auch in Bonsai-Fachbetrieben. Ulmen und Zelkoven werden in verschiedenen Arten und Entwicklungsstadien, auch als gestalteter Bonsai, oft angeboten.

Nadelbäume

Ginkgo-Baum
(Ginkgo biloba)

Dieser stammesgeschichtlich älteste noch lebende Baum der Erde wird wegen seiner Morphologie zu den Nadelbäumen gezählt, obwohl er Blätter trägt. Diese Blätter bauen sich aus einer Vielzahl zusammengewachsener Nadeln auf. Der Ginkgo ist zweihäusig. Aus der weiblichen Blüte entwickelt sich nach der Befruchtung eine in reifem Zustand gelbe, pflaumenähnliche Frucht von unangenehmem Geruch.

Als Bonsai
Der Ginkgo-Baum ist eine sehr robuste Pflanze, die einfach zu halten ist. Auch von Schädlingen wird er kaum befallen.
Als Standort für den Ginkgo eignet sich ein sonniger bis halbschattiger Platz im Freien. Er verträgt fast jedes Wetter. Nur vor Spätfrost im Frühjahr sollte er geschützt werden. Das Planzsubstrat sollte einen großen Anteil grobkörniges Material enthalten, damit überschüssiges Gießwasser gut ablaufen kann. Wird das Substrat zu feucht gehalten, faulen sehr schnell die Wurzeln. Bei jungen Pflanzen wird die Erde alle zwei Jahre, bei älteren alle 2–3 Jahre zum größten Teil ausgetauscht. Gleichzeitig werden die Wurzeln zurückgeschnitten. An das Gießwasser stellt der Ginkgo keine besonderen Ansprüche. Es kann jedes Wasser verwendet werden. Gewässert wird erst, wenn die Erdoberfläche abgetrocknet ist. Gedüngt wird, wenn im Frühjahr die Blätter austreiben bis Ende August, und zwar mit einem organischen oder mineralischen Bonsai-Dünger. Überwintert wird im Garten, indem der Ballen ohne Schale an einer vor direkter Sonne geschützten Stelle in die Erde eingesenkt wird. Steht nur ein Balkon zur Verfügung, kann auch in einer mit Torf und Sand gefüllten Kiste überwintert werden.

Gestaltung
Einen Ginkgo zu gestalten ist nicht einfach, weil er sich nur sehr ungern verzweigt. Nach dem Rückschnitt erhält man während der Vegetationsperiode meist nur einen Ersatztrieb. Zusätzliche Äste treiben hauptsächlich im Frühjahr aus den Winterknospen. Ohne Draht ist nur eine Besenform zu erreichen. Alle anderen Wuchsformen erfordern regelmäßiges Drahten.

Drahten
Nur Äste bis Bleistiftdicke lassen sich durch Drahten leicht formen. Ältere Äste weren sehr steif, so daß ein Drahten ohne Druckstellen auf der Rinde zu hinterlassen kaum mehr möglich wird. Solche Äste werden besser gespannt.

Rückschnitt
Um die Verzweigung zu fördern, werden vor dem ersten Austrieb im Frühjahr in der oberen Kronenhälfte alle Endknospen abgeschnitten. Sind die ersten Triebe ca. 20 cm lang werden sie auf zwei bis drei Blätter zurückgeschnitten. In den meisten Fällen treibt nach dem Rückschnitt nur die der Schnittstelle am nächsten sitzende Knospe aus.
Große Schnittstellen wachsen nur langsam zu. Müssen kräftige Äste entfernt werden, erfolgt dies kurz nach dem Frühjahrsaustrieb.

Pflanzenbeschaffung
Ginkgo-Samen bewahrt man den Winter über, nachdem man sie vom Fruchtfleisch befreit hat, in feuchtem Sand an einer kühlen Stelle auf. Im Frühjahr wird ausgesät. Viele keimen erst im 2. Jahr.
Der Gingko läßt sich leicht durch Steckhölzer vermehren. Hierzu steckt man im zeitigen Frühjahr unbelaubte 5–10 cm lange Aststücke so tief in die Erde, das nur eine Knospe herausschaut. Beginnen sie zu treiben, behandelt man sie wie Stecklinge. Als Jungpflanze ist der Ginkgo häufig im Bonsai-Fachhandel anzutreffen. Mehr oder weniger weit entwickelte Gingko-Bonsai gehören zum Standart-Sortiment des Bonsai-Fachhandels.

Ginkgo, ca. 15 Jahre, Höhe 60 cm.

Wacholder

(Juniperus)

Diese sehr anpassungsfähige Gattung immergrüner Gehölze kommt als Strauch, Großstrauch und auch als Baum vor. Die meist grau- bis rotbraune Borke schält sich in der Regel faserig vom Stamm. Die Blätter sind nadelförmig oder schuppig entwickelt. Die zweihäusigen Pflanzen bilden die männlichen Blütenstände als kleine rundliche Kätzchen. Aus den einzeln stehenden weiblichen Blüten, bilden sich nach der Windbestäubung im Herbst des 2. Jahres die blauen Wacholderbeeren. Der heimische Wacholder ist in der Natur überall da anzutreffen, wo der Konkurrenzdruck durch andere Gehölze nicht zu groß ist. So ist er zum Beispiel auf Heiden aber auch in lichten Laub- und Nadelmischwäldern sehr häufig. Seine hochalpine Form *Juniperus communis* ssp. *alpina* ist die höchststeigende aller Holzpflanzen Europas.

Als Bonsai

Der Wacholder liebt als Bonsai einen sonnigen luftigen Standort. Ständig auf Sonne verzichtende Äste sterben ab oder verkümmern. Gewässert werden kann ganzjährig mit Leitungswasser. Bei warmem Wetter gedeiht er in gleichmäßig gut feuchter Erde am besten. Er erträgt aber im gut durchwurzelten Zustand auch kurzzeitige Trockenheit.
Gedüngt wird bei jungen Pflanzen kräftig mit organischem Dünger. Bei älteren, schon gut entwickelten Pflanzen kann mit Dünger sparsamer umgegangen werden.
Die heimischen und japanischen Wacholder sind bis auf den Igelwacholder sehr winterhart. Um eine gleichmäßig feuchte Erde in der kalten Jahreszeit zu gewährleisten, sollten sie trotzdem ohne Schale im Garten eingesenkt werden. Beim Igelwacholder ist ein Einsenken des Ballen unbedingt erforderlich.

Gestaltung

Wacholder lassen sich in alle Stilarten und Wuchsformen gestalten. Die Äste enden beim Wacholder-Bonsai in dichten »Nadelwolken«.

Rückschnitt

Um dichte Kissen zu erhalten wird der Neuaustrieb bei einer Länge von 2–3 cm auf ein Drittel durch Auszupfen der Triebspitze eingekürzt. Soll ein Ast noch dicker werden, läßt man an diesem den Leittrieb unberührt, kürzt aber den übrigen Neuaustrieb des entsprechenden Astes ein, so erhält man neben einem stärkeren Dickenwachstum gleichzeitig ein dichtes Nadelkissen. Größere Schnittstellen wachsen nur sehr langsam zu. Im Frühjahr entstandene und gleich versorgte Wunden schließt der Baum noch am besten.

Drahten

Am besten lassen sich die zweijährigen Äste drahten, da diese

schon eine gewisse Stärke haben aber noch nicht zu dick und steif sind. Da das Dickenwachstum beim Wacholder nicht sehr stark ist, und auch die Rinde nicht so empfindlich bzw. diese nach einiger Zeit abgeschält wird, so daß Drahtnarben wieder verschwinden, kann der Wacholder gut mit Draht geformt werden. Starkes Biegen verträgt der Baum am besten während der Vegetationsperiode, wenn er danach einige Tage schattig gestellt wird.

Pflanzenbeschaffung

Beeren sammelt man im Herbst, entfernt das Fruchtfleisch und bewahrt die Samen den Winter über in feuchtem Sand im Kühlschrank auf. Im Frühjahr wird dann ausgesät. Auch beim Wacholder keimen viele Samen erst im 2. Jahr. Der Wacholder läßt sich leicht durch im Sommer geschnittene Stecklinge vermehren.
In Baumschulen und Bonsai-Fachgeschäften werden verschiedene Arten unterschiedlichen Alters angeboten. Importe aus Japan von *J. chinensis* und *J. rigida* zählen zum Standard-Angebot des Bonsai-Handels.

Igelwacholder, ca. 30 Jahre; Gestaltung Wolfgang Böttcher.

Lärche
(Larix decidua, L. kaempferi)

Der 25–30 m hoch werdende Baum bildet im Freistand eine kegelförmige Silhuette. Der Stamm zeigt im Alter eine grobborkige Rind, die auf die älteren, meist sichelförmigen Äste übergeht. Junge Triebe sind bei der Europäischen Lärche *(L. decidua)* gelbbraun und bei der Japanischen Lärche *(L. kaempferi)* rötlichbraun gefärbt. Die in Büscheln oder einzeln stehenden kurzen Nadeln werden im Winter abgeworfen. Die einhäusige Pflanze bildet aus rötlich gefärbten, weiblichen Blüten, die windbestäubt werden, ovale, relativ kleine, braune, den Ästen aufsitzende Zapfen, die sich im Oktober öffnen. Die geflügelten Samen werden vom Wind verbreitet.

Als Bonsai
Die Lärche ist als Bonsai leicht zu pflegen. Sie liebt einen sonnigen Standort, kann aber auch halbschattig stehen. Der Boden sollte gut feucht gehalten werden. Besonders heiße Tage übersteht sie ohne Nadelabwurf nur, bei guter Bodenfeuchte. Herrscht kühles Wetter vor, kann sie auch kurzzeitige Trokkenheit ohne Schaden überstehen. Als Pflanzsubstrat ist eine lockere, körnige Mischung nötig. Zum Beispiel hat sich eine Mischung aus Lehmgranulat (AKADAMA), und Lavagranulat im Verhältnis von 2 : 1 bewährt. Die Blütenbildung wird durch seltenes Umpflanzen und geringe Nährstoffversorgung gefördert.
Junge oder noch in der Entwicklung befindliche Pflanzen werden mit dem Erscheinen der ersten Nadeln kräftig mit organischem oder mineralischem Nährstoff gedüngt. Ältere Pflanzen werden nur wenig gedüngt. Ab Juli wird die Stickstoffdüngung reduziert, damit sich der

Baum langsam auf den Herbst einstellen kann. Die Lärche ist sehr winterhart, was ihr Vorkommen an der Baumgrenze der Alpen schon vermuten läßt. Um eine gleichmäßige Bodenfeuchte während des Winter besser gewährleisten zu können, sollte sie trotzdem im Garten ohne Schale eingesenkt die kalte Jahreszeit verbringen.

Japanische Lärchen; Gestaltung Bastian Busch und Guido Sinn.

Gestaltung

Die Lärche wird in vielen verschiedenen Stilarten gehalten. Die Natur bietet zu diesem Baum die meisten Ideen. Auch mehrere Jahre alte Äste lassen sich oft noch leicht biegen, so daß es keine großen Schwierigkeiten bereitet, auch eine ältere Pflanze noch zu gestalten.

Rückschnitt

Auch bei der Lärche gilt der Grundsatz: Je länger man bis zum Rückschnitt wartet, umso kräftiger wird der Ast. Eine jüngere Pflanze läßt man also zum Beispiel treiben, bis zu einer Trieblänge von 10–20 cm um ein kräftiges Ast-Grundgerüst zu erreichen, während schon weiter entwickelte Bäume früher eingekürzt werden. Nach jedem Rückschnitt treibt die Lärche bei ausreichender Nährstoffversorgung, innerhalb von 2–4 Wochen, neu aus, was für Nadelbäume untypisch ist. Wenn die Verzweigung zu dicht wird kann auch der gesamte Neuaustrieb bis ins alte Holz entfernt werden, was häufig in der Baumspitze der Fall ist.

Bei älteren Pflanzen, die in Form und Größe keine tiefgreifende Veränderung mehr erfahren sollen, kann der Neuaustrieb auch pinziert oder ausgezupft werden. Bei einer Länge von 2–3 cm wird die Triebspitze mit der Pinzette oder mit den Fingerspitzen entfernt. Durch dieses Vorgehen erreicht man besonders feine dünne Verzweigungen im äußeren Kronenbereich der Pflanze.

Drahten

Zwar lassen sich auch ältere Äste noch leicht biegen, bei eventuell bereits vorhandener Borke sollte allerdings, um diese nicht zu beschädigen, auf Drahten verzichtet werden. Solche Äste werden gespannt. Andere Äste können leicht mittels Draht geformt werden. Die beste Zeit hierzu ist das Frühjahr, wenn die Knospen gerade grün werden und sich öffnen wollen. Da Lärchen schneller als andere Nadelbäume dicker werden, müssen die Drähte regelmäßig kontrolliert und oft nach drei Monaten bereits wieder entfernt werden.

Pflanzenbeschaffung

Samen sammelt man im Herbst, lagert sie trocken und sät sie im Frühjahr aus. Zwei-bis fünfjährige Pflanzen findet man auch in normalen Baumschulen. In Bonsai-Fachbetrieben werden diese bereits mehrfach zurückgeschnitten angeboten, so daß bei der Gestaltung meist keine größeren Schnittstellen mehr entstehen.

Bergkiefer
(Pinus mugo)

Diese Kiefer der Mittel- und Hochgebirge Europas hat sehr variable Erscheinungsformen und wird deshalb in viele Unterarten und Rassen eingeteilt. Diese Einteilungen sind in der Literatur jedoch nicht einheitlich vorgenommen, so daß hier nicht näher darauf eingegangen werden soll.
Die Bergkiefer unterscheidet sich von der Waldkiefer durch harzige Knospen, durch die glänzend grünliche bis violettbraune Rinde der jungen Stämme. Die 2–5 cm langen, paarigen, nur wenig gedrehten Nadeln sind einheilich dunkelgrün. Die meist ungestielten Zapfen bilden sich aus violetten Blüten, die relativ zahlreich den neuen Trieben aufsitzen. Es werden viele Zuchtformen und Varianten der Bergkiefer in Baumschulen kultiviert.

Als Bonsai
Als Bonsai sollte die Bergkiefer einen sonnigen und nicht zu windstillen Platz erhalten. Im Schatten befindliche Äste sterben ab. Bergkiefern können in gut durchlässigem Substrat ständig feucht gehalten werden, können aber auch kurzzeitig trocken stehen. Zum Gießen kann auch Leitungswasser verwendet werden. Das Pflanzsubstrat sollte grobkörnig sein. Ist dies der Fall, werden sehr unterschiedliche Zusammensetzungen gleichermaßen toleriert. Pflanzen, die sich noch in der Entwicklung befinden, werden ab April bis August kräftig gedüngt. Es können zum Beispiel Rapsschrotkugeln oder anderer fester organischer Dünger verwendet werden, aber auch Mineraldünger kann man das ganze Jahr hindurch geben. Die Nadellänge kann über die Nährstoffversorgung gesteuert werden. Je höher der Stickstoffanteil des Düngers ist, um so länger werden die Nadeln.
Bergkiefern sind sehr frostfest, sollten aber, damit im Winter eine gleichmäßige Feuchtigkeit des Bodens gewährleistet ist, im Garten immer ohne Schale eingesenkt werden.

Gestaltung
Die Bergkiefer läßt sich in viele Stilarten bringen. Die Besenform ist allerdings untypisch. Sie zählt zu den am häufigsten gestalteten heimischen Kiefernarten. Auf Ausstellungen sind regelmäßig auch die Literaten- und Kaskadenform zu sehen.

Drahten
Auch ältere Äste lassen sich meist noch leicht drahten, sollten allerdings, wenn ihre Rinde schon borkig ist, gespannt werden, um diese nicht zu beschädigen.
Die Bergkiefer kann im Winter, aber auch während der Vegetationszeit gedrahtet werden. Im Winter oder im Frühjahr angelegte Drähte können im Sommer bereits zu eng sein und, wenn sie nicht vorher entfernt werden, bis zum Herbst eingewachsen sein.

Rückschnitt
Bäume, die nicht frisch gesammelt wurden, gesund und gut eingewachsen sind, können bei der ersten Gestaltung im Som-

mer bis ins alte Holz zurückgeschnitten werden, wenn am verbleibenden Aststück noch grüne Nadeln sitzen. Nach ca. vier Wochen treiben zahlreiche neue Knospen nicht nur an der Schnittstelle, sondern entlang des ganzen Astes.
Bei bereits gestalteten Bäumen kann im Juli der jetzt fertig entwickelte Austrieb des Frühjahres zurückgeschnitten oder komplett entfernt werden. War dieser sehr schwach, kann auch nur die Endknospe jedes Triebes abgeknipst werden. Nach ca. 4 Wochen bilden sich neue Knospen an der Schnittstelle und teilweise auch an besonders sonnenexponierten Stellen des Astes.
Diese treiben bei guter Nährstoffversorgung noch im gleichen Jahr wieder aus, bleiben kurz und entwickeln kleinere Nadeln. Starke Äste entfernt man im Winter.

Pflanzenbeschaffung
Samen sammelt man bei Reife, bewahrt diese trocken auf und sät im Frühjahr aus. Die Bergkiefer wird in Baumschulen und Bonsaifachbetrieben in vielen Sorten und Altersstufen angeboten, die allerdings meist strauchförmig wachsen, aber trotzdem auch zum Einzelbaum gestaltet werden können. Findlinge werden im Frühjahr direkt nach der Schneeschmelze vor dem Anschwellen der Knospen gesammelt. Eine Erlaubnis der zuständigen Forstbehörde ist vorher einzuholen.

Bergkiefer, ca. 30 Jahre; Gestaltung Walter Pall.

Mädchen-Kiefer
(Pinus parviflora)

Die in Asien beheimatete Mädchenkiefer zählt zu den Kiefern mit den kürzesten Nadeln. In der Natur werden sie nicht sehr hoch. Der im Alter borkige Stamm zeigt eine graue bis schwarze Färbung. Die Nadeln sind jeweils zu fünft am Grund zusammengewachsen. Die Blüten entwickeln sich an den jungen Kerzen. Die männlichen Blüten der einhäusigen Pflanze sitzen in violetten Blütenständen unterhalb der jungen Nadeln, während die weiblichen Blüten an Triebspitzen sitzen. Von der Mädchenkiefer sind einige Sorten und Zuchtformen bekannt.

Als Bonsai
Die Mädchenkiefer zählt in Japan zu den Bäumen, die schon seit Jahrhunderten als Bonsai gestaltet werden.
Sie muß das ganze Jahr hindurch im Freien gehalten werden. Hier benötigt sie für eine optimale Entwicklung einen Platz in der Sonne. Auch starker Wind wird gut vertragen. Als Pflanzsubstrat braucht sie eine grobkörnige Mischung, die das überschüssige Gießwasser gut ablaufen läßt. Eine Mischung aus 2 Teilen AKADAMA und einem Teil Lavagranulat hat sich zum Beispiel gut bewährt. Alle 2–3 Jahre wird das Substrat ausgewechselt. Die beste Zeit hierzu ist der frühe Herbst oder das zeitige Frühjahr. Gleichzeitig kann die Wurzel zurückgeschnitten werden. Für die Mädchenkiefer ist der Symbiosepilz lebenswichtig. Wird die Erde zu naß gehalten, stirbt er ab, und der Baum hat Probleme, gesund zu bleiben. Deshalb muß besonders bei diesem Baum darauf geachtet werden, daß die Erde gleichmäßig feucht und nicht über längere Zeit zu naß gehalten wird. Als Gießwasser kann auch normales Leitungswasser dienen. Als Dünger sind Rapsschrotkuchen oder andere organische Dünger geeignet. Wie andere Nadelbäume werden auch Mädchenkiefern seltener als Laubbäume gedüngt.
Die Mädchenkiefer ist sehr frostgefährdet. Der empfindliche Teil ist der Wurzelbereich. Überwintert wird im Garten durch Einsenken des Ballens ohne Schale in die Erde, oder auf dem Balkon in einer mit Torf und Sand gefüllten Kiste.

Im Herbst werden die inneren Nadeln gelb.

Mykorrhiza-Pilz der Mädchenkiefer.

Gestaltung
Es sind alle Stilarten möglich, die Besenform allerdings sehr untypisch.

Drahten
Soll eine Mädchenkiefer in Form gehalten werden ist ein regelmäßiges Drahten unumgänglich. Traditionell geschieht dies im Winter. Es werden alle Äste bis in die Nähe der Zweigspitzen mit Draht umwickelt und dabei die Nadeln bis auf die an den Astspitzen entfernt. Über die Nadelmenge, die am Zweig verbleibt, kann die Stärke des Frühjahraustriebes des betreffenden Knospen gesteuert werden. Die Zweigspitzen eines Astes werden so gestellt, daß sie eine möglichst geschlossene Nadelwolke bilden. Hierbei werden sie mindestens etwas nach oben gerichtet. Zweigenden, die nach unten gerichtet sind, sterben häufig ab. Auch fingerdicke Äste werden manchmal noch gedrahtet. Schonender ist auch hier das Spannen.

Rückschnitt

Geschnitten wird bei der Mädchenkiefer hauptsächlich bei einer Grundgestaltung. Ist diese erfolgt, werden im Frühjahr die treibenden Kerzen reduziert: Treiben an einem Zweigende mehr als 2 Kerzen, wird die längste komplett entfernt. Bevor die Nadeln aus ihrer Hülle wachsen, werden die starken Kerzen auf die Länge der kürzeren reduziert. Bei wenig verzweigten oder sehr stark gedüngten Bäumen können auch alle Kerzen zu stark sein. In dem Fall werden alle auf 1–2 cm eingekürzt. Für blühende Zweige ist wichtig, daß auf jeden Fall einige Nadeln an der Kerze verbleiben. Bleiben nur die Blüten stehen, stirbt der Zweig ab.

Pflanzenbeschaffung

Samen ist manchmal im Handel erhältlich. Er wird im Frühjahr wie auf der Samentüte beschrieben ausgesät. Ältere Exemplare, in der Regel Veredelungen, sind in Baumschulen und im Bonsai-Fachhandel in sehr unterschiedlichen Qualitätsstufen zu bekommen. Bereits gestaltete Pflanzen werden regelmäßig aus Japan importiert und das ganze Jahr hindurch im Bonsai-Fachhandel angeboten.

Mädchenkiefer, ca. 20 Jahre; Sammlung M. Offermann.

Zimmer-Bonsai

Fukien-Tee
(Carmona microphylla, C. macrophylla)

Dieses immergrüne, aus Asien stammende Gehölz ist nach der chinesischen Provinz Fukien benannt. Von der hellen unregelmäßigen Struktur der Rinde heben sich sehr schön die dreilappigèn, glänzenden, dunkelgrünen, mit groben Haaren versehenen, relativ kleinen Blättchen ab.
Die nur wenige Millimeter großen weißen Blüten entwickeln sich im reifen Zustand zu schwarzen Beeren.

Als Bonsai
Obwohl sehr häufig angeboten, zählt der Fukien-Tee nicht zu den pflegeleichten Bonsai und ist für einen Anfänger mit wenig Erfahrung in der Pflege von Pflanzen ungeeignet.
Der Fukientee sollte das ganze Jahr hindurch bei Temperaturen über 12 °C gehalten werden. Dies ist in der Wohnung gegeben. Er verträgt allerdings keine trockene Luft. Deshalb erhöht man die Luftfeuchtigkeit in der Nähe des Baumes, indem dieser auf ein mit Wasser und Kies gefülltes Tablett gestellt wird, so daß die Schale nicht mit dem Wasser in Berührung kommt, die Luft durch die ständige Verdunstung aber für den Baum angenehm feucht ist.

Blüte des Fukien-Tee.

Den Sommer kann die Pflanze auch im Halbschatten im Freien verbringen, muß aber an direkte Sonneneinstrahlung erst langsam gewöhnt werden.
Der Fukien-Tee sollte mit Regenwasser oder gut abgestandenem Leitungswasser gleichmäßig feucht gehalten werden. Ballentrockenheit verträgt er nicht.
Nach dem Kauf muß meist als erste Pflegemaßnahme vorsichtig etwa ein Drittel der Erde gewechselt werden. Als Pflanzsubstrat eignet sich zunächst japanisches Lehmgranulat (AKADAMA) ohne andere Zusätze. Die Umstellung von der Original-Erde, in der die Pflanzen aus China importiert werden – sie besteht fast nur aus bereits stark verdichtetem Lehm und ist für unser Wohnungsklima ungeeignet – vertragen die Pflanzen dann am besten. Später kann zu einer Mischung aus Lehmgranulat, Sand und Pikiererde im Verhältnis 2:1:1 übergegangen werden. Die beste Zeit, die Erde zu wechseln, ist das Frühjahr. Alle ein bis drei Jahre wird die Erde bei gleichzeitigem, vorsichtigem Wurzelschnitt, zu zwei Dritteln erneuert.
Bei hohem Lehmgehalt des Pflanzsubstrates ist eine kräftige Düngung erforderlich. Diese sollte während der Wachstumszeit wöchentlich und sonst vierzehntägig mit einem organischen Dünger erfolgen.

Gestaltung
Beim Fukien-Tee ist eine Gestaltung in alle bekannten Stilrichtungen möglich. Die im Handel angebotenen Exemplare sind meist nur klein gehalten und kaum gestaltet. Hier ist eine grundlegende Gestaltung angebracht. Ist die Pflanze gut eingewurzelt und gesund, kann diese zu jeder Jahreszeit vorgenommen werden.

Drahten
Junge Zweige lassen sich noch durch Drahten in die gewünschte Richtung bringen. Ältere Äste lassen sich oft gar nicht oder nur mit Hilfe von Spanndrähten noch verändern.

Rückschnitt
Der sehr steife Neuaustrieb wird ab einer Länge von 10–20 cm, je nach Entwicklungsstand der Pflanze auf ein bis drei Blattbüschel zurückgeschnitten. Größere Schnittstellen werden gut mit einem Wundverschluß-

mittel versorgt um ein schnelles Zuwachsen zu ermöglichen.

Pflanzenbeschaffung

Die Samen sammelt man, wenn die Beeren schwarz sind. Die ganzen Früchte werden einige Tage in Wasser gelegt, dann befreit man die Samen vom Fruchtfleisch und sät gleich in einem nährstoffarmen Substrat aus.
Eine Vermehrung durch Stecklinge ist ebenfalls leicht möglich.
Der Fukien-Tee wird sehr oft und in 2 Arten im Handel angeboten. Die großblättrigere Art (*C. macrophylla* 1–2 cm), die meist in kräftigeren Exemplaren angeboten wird ist robuster als die kleinblättrigere Art (*C. microphylla* 0,5–1 cm).

Fukien-Tee, ca. 15 Jahre, Höhe 40 cm.

Feigenbäume
(Ficus)

Die Gattung Ficus umfaßt sehr viele Bäume aus den tropischen Regionen der ganzen Welt. Die Echte Feige *(Ficus carica)* ist die einzige wichtige Art, die im Subtropischen Klima zu Hause ist. Die Feigen wachsen kriechend, strauchförmig oder bilden oft sehr stattliche Bäume. Die meisten Arten sind immergrün. Die Blätter sind wechselständig angeordnet, die Blüten sind in einem Becher eingesenkt, aus welchem sich später die Frucht, die sogenannten Feige, entwickelt. Aus Verletzungen entweicht ein milchiger Saft.

Chinesische Feige, ca. 25 Jahre; Sammlung Nikos Amanatidis.

Als Bonsai

Häufig als Bonsai gestaltet findet man die Birkenfeige *(F. benjamina)*, die Chinesische Feige *(F. retusa)*, die Weidenblättrige Feige *(F. salicifolia)*, der Bobaum *(F. religiosa)*, die Natalfeige *(F. triangularis)* und andere. Sie zählen alle zu den wenigen Gehölzen, die sich in der Wohnung auch von einem Bonsai-Anfänger leicht halten lassen und von diesem auch weiterentwickelt werden können. Während man sich bei anderen sogenannten Zimmer-Bonsai schon sehr bemühen muß, um sie überhaupt am Leben zu halten, entwickeln die *Ficus*-Arten ohne besondere Maßnahmen einen kräftigen Stamm und zahlreiche Äste, die sich leicht formen lassen.

Der Bonsai-Anfänger, der mit einem *Ficus* beginnt, hat lange Jahre Spaß an seinem Hobby. Bis auf *F. carica* können die Feigen das ganze Jahr hindurch gut in der Wohnung gehalten werden. Hier sollten sie einen hellen, vor der Mittagssonne geschützten Platz erhalten. Den Sommer können sie allerdings auch im Freien verbringen. Um Sonnenbrand zu vermeiden, werden sie an direkte Sonne langsam gewöhnt. Auch im Winter wird eine Feige bei Temperaturen zwischen 18 °C und 26 °C in einem geheizten Raum gehalten. Hier vertragen die meisten Arten auch einen Platz über der Heizung. Die Echte Feige muß als »Kalthauspflanze« im Winter kalt bei Temperaturen unter 10 °C gehalten werden.

Das Pflanzsubstrat darf nicht zu feinkörnig sein, damit überschüssiges Gießwasser gut ablaufen kann. Eine Mischung aus Lehmgranulat, Sand und Pikiererde im Verhältnis von

1:1:1 hat sich bewährt. Wird mit hartem Leitungswasser gegossen, sollte die Pflanzerde einmal im Jahr, am besten im Frühjahr, ausgetauscht werden. Gleichzeitig schneidet man die Wurzeln zurück. Feigenbäume reagieren sehr empfindlich auf Staunässe. Dagegen wird Trockenheit sehr gut vertragen. Es wird erst gewässert, wenn die Erdoberfläche trocken ist. Abgestandenes Leitungswasser kann verwendet werden. Bilden sich allerdings Salzkrusten am Schalenrand oder am Wurzelansatz, sollte die Erde einmal im Jahr gewechselt werden. Während der Wachstumszeit wird alle zwei Wochen kräftig gedüngt. In der restlichen Zeit reichen Nährstoffgaben im Abstand von 4–6 Wochen. Es kann organischer oder mineralischer Dünger verwendet werden.

Weidenblättrige Feige, ca. 10 Jahre, Sammlung Nikos Amanatidis.

Gestaltung
Die meisten Arten lassen sich in alle Wuchsformen gestalten. Die Endhöhe der großblättrigen Arten sollten wegen der sonst unpassenden Proportionen nicht unter 50 cm geplant werden.

Drahten
Auch fingerdicke Äste lassen sich noch drahten. Leider hinterläßt der Draht sehr schnell Druckstellen auf der empfindlichen Rinde. Außerdem ist das Dickenwachstum bei den Arten, die in der Natur große Bäume bilden, stark entwickelt, so daß der Draht oft nach 6 Wochen bereits zu eng wird und entfernt werden muß. Schonender ist es deshalb, wenn die dickeren Äste gespannt werden.

Rückschnitt
Pflanzen, die sich noch in der Entwicklung befinden, läßt man dort, wo ein kräftiger Ast entstehen soll, lange Triebe bilden. Erst dann schneidet man zurück. Dort, wo ein vorhandener Ast sich verzweigen, aber nicht stark verdicken soll, zum Beispiel in der Kronenspitze, schneidet man sehr früh zurück. Ausgereiften Bäumen schneidet man die Äste nach dem Erscheinen des 5. Blattes auf 1–2 Blätter zurück. Große Schnittstellen wachsen schnell zu, wenn sie mit einem Wundverschlußmittel behandelt werden.

Pflanzenbeschaffung
Samen steht in der Regel nicht zur Verfügung. Allerdings lassen sich Stecklinge auch ohne Hormone leicht bewurzeln. Jungpflanzen sind ebenso wie Rohpflanzen nicht von allen Arten im Handel zu bekommen. Als Bonsai sind sie in verschiedenen Entwicklungsstufen regelmäßig erhältlich.

Myrte
(Myrtus communis)

Die Myrte ist am Mittelmeer zu Hause. Hier bildet sie dichte mittelgroße, immergrüne Sträucher. Alte Äste bilden eine dünne aber knorrige Borke. Die kleinen, widerstandsfähigen, lanzettförmigen Blättchen sind an den rotbraunen Zweigen gegenständig angeordnet und dunkelgrün. Die Myrte ist einhäusig. Aus den im Sommer zahlreich sprießenden, einzeln sitzenden weißen Blüten entstehen schwarze Beeren.

Blüte der Myrte.

Als Bonsai
Die Myrte sollte im Sommer einen sonnigen bis halbschattigen Platz in der Wohnung oder auch im Freien erhalten. Den Winter verbringt sie am liebsten in einem wenig geheizten, aber hellen Raum. Wird sie im Frühjahr, wenn kein Frost mehr zu erwarten ist, ins Freie gestellt, muß sie an direkte Sonne erst langsam gewöhnt werden, um einen Sonnenbrand zu vermeiden. Das Pflanzsubstrat kann aus einer Mischung aus AKADAMA, Sand und Pikiererde im Verhältnis von 2:1:1 bestehen. Auch andere, nicht zu feinkörnige Mischungen werden erfolgreich verwendet. Alle 2 Jahre wird im Frühjahr die Pflanzerde zur Hälfte ausgewechselt. Gleichzeitig kann die Wurzel beschnitten werden. In dem Jahr, in dem sie neue Erde erhält, blüht die Myrte meist nur spärlich. Zum Gießen kann normales Leitungswasser verwendet werden. Bei warmem Wetter hat sie einen hohen Wasserbedarf. Da Ballentrockenheit nicht vertragen wird, muß im Sommer reichlich gewässert werden. Junge Pflanzen düngt man vom Frühjahr bis zum Herbst reichlich mit einem mineralischen oder organischen Bonsai-Dünger in Abständen von 14 Tagen. Ältere, gut entwickelte Pflanzen werden weniger gedüngt, um die Blütenbildung zu fördern.

Gestaltung
Myrten lassen sich in allen Wuchsformen und Stilarten gestalten. Häufig sind die Besenform, die aufrechte Form und die Waldform. Wegen der kleinen Blätter ist sie auch für Mame-Bonsai sehr gut geeignet.

Drahten
Bei der Besenform und eventuell auch bei der Waldform kann auf das Drahten verzichtet werden. Soll die aufrechte Form entstehen, kann auf Draht meist nicht verzichtet werden, da der Neuaustrieb der Myrte sehr stark nach oben gerichtet ist. Junge Äste sind noch biegsam. Dreijährige sind allerdings schon sehr brüchig und müssen sehr vorsichtig gebogen werden. Das Dickenwachstum ist nicht stark ausgeprägt, so daß die Gefahr, daß Draht einwächst, bei regelmäßiger Kontrolle gering ist. Spanndrähte sind nicht zu empfehlen, da ältere Äste, werden sie stark in ihrer Richtung verändert, leicht vom Stamm abreißen.

Rückschnitt
Jüngere, noch in der Entwicklung befindliche Pflanzen schneidet man ab einer Trieblänge von 10–15 cm auf 1–5 cm zurück. Nach außen hin wird der Rückschnitt immer kürzer. Die Pflanze entwickelt sehr schnell eine feine Verzweigung und eine dichte Krone, die in regelmäßigen Abständen auch bis ins alte Holz zurückgeschnitten werden kann, und zwar so weit, daß keine Blätter mehr am Baum verbleiben. Pflanzen, die bereits eine gewisse Stammdicke erreicht haben, können auch schon ab einer Trieblänge von ca. 5 cm zurückgeschnitten werden. Müssen bei einer Grundgestaltung kräftige Äste entfernt werden, ist dies an keine bestimmte Jahreszeit

gebunden. Werden größere Schnittstellen mit einem Wundverschlußmittel behandelt, wachsen diese in der Regel schneller zu. Interessante Narben entstehen, wenn Äste nicht geschnitten, sondern herausgebrochen werden.

Pflanzenbeschaffung

Die reifen Beeren erntet man im Herbst. Die vom Fruchtfleisch befreiten Samen können den Winter über in feuchtem Sand im Kühlschrank gelagert und im Frühjahr ausgesät werden. Myrten lassen sich auch leicht durch frisch verholzte Stecklinge vermehren. In Blumenläden und Gartencentern werden Myrten in verschiedenen Altersstufen als Topfpflanze angeboten, die als Ausgangspflanze dienen können. Mehr oder weniger weit entwickelte Myrten-Bonsai werden regelmäßig im Fachhandel angeboten.

Myrte, ca. 15 Jahre; Gestaltung Hannelore Bünger.

Olivenbaum
(Olea europaea)

Der Ölbaum oder Olivenbaum ist als eine der ältesten Kulturpflanzen im ganzen Mittelmeergebiet verbreitet. Hier wird das immergrüne Gehölz viele hundert Jahre alt. Die alten Stämme nehmen eine urige, knorrige, jeden Betrachter beeindruckende Form an. Das derbe, gegenständig angeordnete Blatt kann, je nach Sorte, fast rund bis lanzettlich ausgebildet sein, wobei es auf der Oberseite dunkel- und auf der Unterseite mattgrün gefärbt ist. Aus den weißen Blüten, die in Rispen angeordnet sind, entstehen nach der Bestäubung durch Insekten die bekannten Oliven.

Als Bonsai
Als Bonsai sollte die Olive den hellsten verfügbaren Platz erhalten. Vom Frühjahr, sobald keine harten Fröste mehr zu erwarten sind, bis zum Herbst steht er am liebsten in der vollen Sonne im Freien, also auf dem Balkon oder im Garten. Den Winter kann er in einem wenig geheizten Raum am Fenster verbringen.
Die Pflanze kann auch mit Leitungswasser gegossen werden. Der Wasserbedarf ist je nach Jahreszeit sehr unterschiedlich. Um das richtige Maß zu finden, wird die Oberfläche der Pflanzerde beobachtet. Ist diese trokken, wird gewässert. Je kälter sie im Winter gehalten wird, um so weniger Wasser wird verbraucht. Als Pflanzsubstrat kann eine Mischung aus Lehmgranulat und feinem Kies im Verhältnis von 2 : 1 verwendet werden. Andere gut wasserdurchlässige Mischungen sind auch verwendbar. Alle 2–3 Jahre wird bei jungen sowie bei älteren Pflanzen zwei Drittel der Erde ausgewechselt. Der beste Zeitpunkt hierzu ist das Frühjahr. Gleichzeitig kann die Wurzel zurückgeschnitten werden. Zum Düngen kann sowohl organischer als auch, bei vorsichtiger Anwendung, mineralischer Nährstoff verwendet werden. Man beginnt mit 14-tägigen Düngergaben im März und reduziert sie auf die Hälfte ab November.

Gestaltung
Alle Wuchsformen und Stilarten lassen sich aus einer Olive gestalten. Sehr häufig ist die Besenform oder die aufrechte Form. Die Besenform läßt sich durch gezielten Rückschnitt erreichen. Bei anderen Stilarten kann oft nicht auf Draht oder andere Hilfsmittel verzichtet werden.

Drahten
Gedrahtet wird im Frühjahr mit dem ersten Austrieb. Da sich nur einjährige Äste noch leicht biegen lassen, ohne daß die Rinde verletzt wird, muß frühzeitig mit dem Formen begonnen werden. In der Wachstumsphase müssen die Drähte regelmäßig kontrolliert werden. Sind sie zu eng geworden, werden sie entfernt und der Ast ein weiteres Mal gedrahtet. Ältere

Äste werden mit Spanndrähten in die gewünschte Richtung gebracht.

Rückschnitt

Junge Pflanzen schneidet man ab einer Trieblänge von 10–15 cm auf 1–3 Blattpaare zurück. Ältere, bereits entwikkelte Pflanzen können bereits ab einer Trieblänge von 5 cm eingekürzt werden. Kräftige Äste, die bei einer Grundgestaltung entfernt werden sollen, können das ganze Jahr hindurch abgeschnitten oder gebrochen werden. Während der Wachstumszeit verheilen Wunden schneller.

Pflanzenbeschaffung

Frische Oliven können manchmal auf dem Wochenmarkt gekauft werden. Die vom Fruchtfleisch befreiten Kerne sät man direkt aus. Oliven lassen sich durch leicht verholzte Stecklinge vermehren. Ungestaltete, grob zurückgeschnittene Pflanzen werden manchmal im Gartencenter oder in Baumschulen angeboten. Auch während eines Urlaubs im Mittelmeergebiet lassen sich Ausgangspflanzen erstehen. Mehr oder weniger weit entwickelte Oliven-Bonsai werden regelmäßig im Bonsai-Fachhandel angeboten.

Olivenbaum, ca. 20 Jahre; Gestaltung Joe Genz.

Pistazie, Mastixstrauch
(Pistatia lentiscus)

Dieser mit der eßbaren Pistazie verwandte Strauch ist im Mittelmeergebiet weit verbreitet. Hier wird das immergrüne Gehölz auch nicht selten als Hecke gepflanzt, was ein Hinweis auf seine Schnittverträglichkeit ist. Wildwachsend fällt sie vor allem in Küstennähe auf. Die älteren Äste sind grau und leicht runzelig. Die paarig gefiederten, derben Blätter sind wechselständig angeordnet. Aus den unscheinbaren, in Blütenstanden zusammensitzenden Blüten entwickeln sich im reifen Zustand schwarze Früchte.

Als Bonsai
Die Pflanze sollte das ganze Jahr hindurch an einem hellen, halbschattigen bis sonnigen Platz gehalten werden. Sobald im Frühjahr kein Frost mehr zu erwarten, ist kann sie auch im Freien, auf dem Balkon oder im Garten aufgestellt werden. Hier kann sie bleiben, bis erste Fröste zu erwarten sind. Den Winter verbringt sie am besten in einem nicht ständig geheizten Raum am Fenster. Man stellt sie auf ein mit Wasser und Hydrokugeln gefülltes Tablett, um die Luft direkt um den Bonsai feucht zu halten.
Als Pflanzsubstrat kann eine Mischung aus AKADAMA und Lavagranulat oder feinem Kies im Verhältnis von 2 : 1 verwendet werden. Sie wird auch in anderen, grundverschiedenen Substraten kultiviert. Wichtig ist eine gute Wasserdurchlässigkeit. Alle 2–3 Jahre wird das Substart zu zwei Dritteln ausgewechselt. Gleichzeitig kann ein Wurzelschnitt erfolgen. Als Gießwasser kann auch Leitungswasser verwendet werden. Gedüngt wird von Februar bis zum Herbst mit einem organischen oder mineralischen Bonsai-Dünger gemäß aufgedruckter Dosierungsvorschrift.

Gestaltung
Wie alle Gehölze mit gefiederten Blättern ist auch die Pistazie nur schwer in eine klare Form zu bringen. Das »Blätterchaos« wird weniger störend, wenn der Bonsai nicht zu klein gehalten wird. Blätter, die aus der gewünschten Form herausragen können auch teilweise eingekürzt werden. Es sind alle Stilarten denkbar. Sehr häufig wird die aufrechte Form gewählt.

Drahten
Da sich die Pflanze durch gezielten Rückschnitt nur schwer gestalten läßt, kann auf Draht nicht verzichtet werden, will man eine der klassischen Stilarten erreichen. Einjährige Äste sind noch leicht in ihrer Richtung durch Drahten zu verändern. Ältere Äste werden brüchig und sollten deshalb gespannt werden.

Rückschnitt
Die Hauptwachstumszeit liegt im Frühjahr und im Herbst. In dieser Zeit treibt die Pflanze nach einem Rückschnitt innerhalb von 3–4 Wochen wieder aus. Die oberen Äste sind gegenüber darunterliegenden nicht im Vorteil.
Der Rückschnitt kann ganzjährig erfolgen. Allerdings wachsen zwischen April und Juni entstandene Schnittstellen besonders schnell zu, so daß starke Äste wärend dieser Zeit entfernt werden. Bei jüngeren, wenig entwickelten Pflanzen erfolgt der Rückschnitt ab einer Trieblänge von 15–20 cm auf 1–2 Blätter.
Ältere Bonsai können auch, um die Verzweigung zu fördern, früher eingekürzt werden. Man sollte darauf achten, daß der Abstand der Schnittstelle zum letzten verbliebenen Blatt mindesten 1 cm beträgt, da sonst die in dessen Achse sitzende Knospe eintrocknen könnte.

Pflanzenbeschaffung
Samen sind nicht oder nur schwer zu beschaffen. Die Pistazie läßt sich über leicht verholzte Stecklinge vermehren. Rohpflanzen sind manchmal in Form von Topfpflanzen im Gartencenter oder im Blumenladen zu erstehen. Vorgestaltete, allerdings oft noch junge Pflanzen, werden als Bonsai im Handel häufiger angeboten.

Pistazie, ca. 10 Jahre, Höhe 20 cm.

Steineibe
(Podocarpus macrophyllus)

Die Steineibe ist ein in Asien beheimateter immergrüner Nadelbaum. Der zweihäusige Baum bildet im Alter einen dunkelbraunen, borkigen Stamm. Die dunkelgrünen, einzeln sitzenden Nadeln werden besonders breit ausgebildet. Die männlichen Blüten sitzen in kätzchenähnlichen quirlig, angeordneten Blütenständen zusammen. Die einzeln sitzenden weiblichen Blüten entwikkeln nach der Windbestäubung eine nach oben offene, fleischige pflaumenähnliche Frucht, der der Samen aufsitzt.

Frucht der Steineibe.

Als Bonsai
Die Steineibe ist der einzige Nadelbaum, der auf Dauer auch ganzjährig in der Wohnung gehalten werden kann. Es kommen zwei verschiedene Arten vor, die sich hauptsächlich in der Nadelgröße unterscheiden. Als Standort für die Steineibe wählt man einen sonnigen bis halbschattigen Platz in Fensternähe. Wird sie das ganze Jahr hindurch in der Wohnung gehalten, bevorzugt sie im Winter einen Raum, in dem die Temperatur mindestens in der Nacht unter 18 °C sinkt. Von Mai bis September kann sie auch im Freien stehen. An direkte Sonne sollte sie hier langsam gewöhnt werden um einen Sonnenbrand zu verhindern. Steineiben vertragen, wenn sie einen Standplatz im Freien gewöhnt sind, auch leichten Frost bis –3 °C, so daß sie auch an geschützter Stelle erfolgreich ganzjährig im Freien gehalten werden können. Die Steineibe kann mit Leitungswasser gegossen werden. Das Pflanzsubstrat sollte gleichmäßig feucht gehalten werden. Kurzzeitige Trockenheit wird vertragen.
Frisch importierte Steineiben sind in der Regel in ein lehmiges Substrat gepflanzt. Im nächsten Frühjahr nach dem Kauf wird dies durch Lehmgranulat ersetzt. Später kann die Steineibe auch in andere, gut wasserdurchlässige Bonsai-Erde gepflanzt werden. Das Pflanzsubstrat wird alle 2–3 Jahre zu zwei Dritteln gewechselt. Gleichzeitig kann die Wurzel zurückgeschnitten werden. Pflanzen, die sich noch in der Entwicklung befinden werden vom Frühjahr bis zum Herbst kräftig mit einem organischen oder mineralischen Dünger versorgt. Ältere Bäume werden weniger gedüngt, auch um kürzere Nadeln zu erreichen. Damit der Baum im Winter nicht wächst, wird in dieser Zeit nicht gedüngt.

Gestaltung
Alle Wuchsformen, die von Nadelbäumen bekannt sind, können gestaltet werden. Häufig ist die aufrechte Form, weil sie sich besonders leicht auch aus jungen Pflanzen gestalten läßt. Die Steineibe wächst in der Schale sehr langsam. Entsprechend viel Geduld ist bei einer Gestaltung erforderlich.

Drahten
Ein- und zweijährige Äste lassen sich leicht drahten. Importierte Bäume sind meist mit Stahldraht gestaltet. Dieser hinterläßt allerdings oft Rostspuren. Wird wegen der Stärke der Äste härteres Material benötigt, verwendet man besser Kupferdraht. Obwohl das Dickenwachstum nicht besonders stark ausgeprägt ist und bei regelmäßiger Kontrolle die Gefahr, daß ein Draht einwachsen könnte nicht gegeben ist, werden kräftige alte Äste häufig gespannt.

Rückschnitt
Junge Pflanzen schneidet man, um das Dickenwachstum zu fördern erst ab einer Trieblänge von 15–20 cm auf 1–5 cm zurück. Ältere Pflanzen werden früher geschnitten. An den Hauptästen, die bereits Seitenzweige entwickelt haben wer-

Steineibe, ca. 6 Jahre, Höhe 20 cm.

den die Nadeln abgezupft. Dies fördert den Austrieb schlafender Knospen in diesem Bereich. Schnittstellen älterer Äste, die bei einer Grundgestaltung entfernt werden müssen, wachsen nur zu, wenn die Wunde mit einem Wundverschlußmittel behandelt wird.

Pflanzenbeschaffung

Samen befreit man vom Fruchtfleisch und bewahrt sie den Winter über in feuchtem Sand im Kühlschrank auf und sät dann aus. Oder man sät sofort nach dem Entfernen des Fruchtfleischs aus und stellt das Saatgefäß warm auf. Leicht verholzte Stecklinge lassen sich bei genügender Bodenwärme das ganze Jahr hindurch bewurzeln. Junge, bereits vorgestaltete Pflanzen, sind regelmäßig auch im Bonsai-Fachhandel zu finden.

Sandbirke, ca. 12 Jahre, Höhe 80 cm.

Granatapfelbaum

(Punica granatum, P. granatum nana)

Der Granatapfel zählt wie der Ölbaum zu den ältesten Kulturpflanzen der Mittelmeerregion. In Indien gilt er als heiliger Baum. Der knorrige Stamm ist dunkelgrau bis beige gefärbt. Die Äste können mit dornenähnlichen Kurztrieben versehen sein.
Die widerstandsfähigen dunkelgrünen Blätter sind gegenständig angeordnet, oval bis lanzettlich geformt und werden im Winter abgeworfen. Die rot bis orangen Blüten entstehen im Sommer sehr zahlreich an den Triebenden. Die Früchte, die in Form und Größe unseren Äpfeln ähneln, sind mit einer derben Schale versehen, die zahlreiche innenliegende Kerne, die wie Beeren mit Fruchtfleisch umgeben sind, schützt. Die Zwergform *Punica granatum nana* bildet nur große Sträucher und kleinere Früchte, ist aber blühfreudiger.

Als Bonsai

Vom Frühjahr bis zum Herbst steht der Granatapfel am liebsten an einem sonnigen bis halbschattigen Platz im Freien. Hier kann er auch starken Wind und jedes Wetter vertragen. Er sollte allerdings keinem Frost unter –2 °C ausgesetzt sein. Wird er im Sommer in der Wohnung gehalten, wird das Blatt oft sehr zart ausgebildet, so daß er für verschiedene Schädlinge zum Beispiel für die Weiße

Granatapfel.

Fliege zur Delikatesse wird. Auf jeden Fall muß er auch hier ein paar Stunden Sonne mitbekommen. Den Winter verbringt er an einem hellen Fensterplatz in einem kühlen, ungeheizten Raum in der Wohnung. Um die Form zu erhalten, sollte der Baum im Winter möglichst wenig wachsen.
Als Pflanzsubstrat ist eine Mischung aus zum Beispiel AKADAMA, Lavagranulat und feinem Kies im Verhältnis von 3:1:1 gut geeignet. Andere Mischungen sind auch üblich und brauchbar. Alle 2–3 Jahre wird im Frühjahr vor dem 1. Austrieb bei jungen und alten Pflanzen die Erde zu zwei Dritteln ausgewechselt. Gleichzeitig kann ein kräftiger Wurzelschnitt erfolgen.
Der Garnatapfel kann mit normalem Leitungswasser gegossen werden. Der Wasserbedarf im Sommer ist enorm. Er wird gewässert sobald die Oberfläche des Pflanzsubstrates leicht angetrocknet ist. Mit dem Frühjahrsaustrieb wird mit dem Düngen begonnen. Man kann vierzehntägig flüssige oder feste organische aber auch mineralische Dünger verabreichen.

Gestaltung

Das natürliche Wuchsverhalten macht alle denkbaren Stilformen möglich. Sehr häufig und alleine durch gezielten Rückschnitt zu erreichen ist die Besenform.

Drahten

Ältere Äste werden brüchig und sollten durch Spanndrähte in Form gebracht werden. Ein- und zweijährige Äste können allerdings auch leicht durch Drahten geformt werden. Die beste Zeit hierzu ist das Frühjahr, mit dem Austreiben der Winterknospen. Obwohl das Dickenwachstum nicht besonders stark ist, sollte der Draht regelmäßig kontrolliert werden, um ein Einwachsen zu verhindern.

Rückschnitt

Vor dem Austreiben im Frühjahr wird kräftig zurückgeschnitten. Wird auf die Blüte Wert gelegt, darf erst wieder geschnitten werden, wenn diese erschienen sind. Bei jungen Pflanzen sollte die Blüte Nebensache sein. Hier steht die Grundform im Vordergrund. Man schneidet diese ab einer Trieblänge von ca. 15 cm soweit zurück, wie es von der Stellung des entsprechenden Astes in der Krone notwendig ist. In der Regel bleiben 2–5 Blattpaare stehen. Nach jedem Rückschnitt erfolgt bis zum August innerhalb von 2–3 Wochen ein neuer Austrieb.

Granatapfelbaum, ca. 25 Jahre, Höhe 40 cm.

Pflanzenbeschaffung

Samen lassen sich aus den auch bei uns erhältlichen Früchten gewinnen. Man läßt sie zunächst einige Tage in Wasser liegen. Danach läßt sich das Fruchtfleisch viel leichter entfernen.
Anschließend wird sofort ausgesät und das Gefäß an einen warmen Platz gestellt. Auch die Vermehrung durch Stecklinge ist leicht möglich. Leicht verholzte Aststücke bewurzeln am besten.
P. granatum nana ist manchmal als Topfpflanze im Gartencenter oder Blumenladen zu bekommen. Bereits gestaltete Pflanzen beider Varianten sind regelmäßig im Bonsai-Fachhandel erhältlich.

Sageretie
(Sageretia theezans)

Die Sageretie wächst in ihrer Heimat Asien, hauptsächlich strauchförmig. Nur selten bildet sie auch kleine Bäume. Das immergrüne Gehölz mit kleinen, oval- bis spitzeiförmigen Blättern, die gegenständig angeordnet sind, zeichnet sich durch eine rehbraune bis dunkelbraune Stammfarbe aus. Die Borke blättert in dünnen Schichten in regelmäßigen Abständen ab. Aus den in Dolden zusammenstehenden Blüten entwickeln sich nach der Befruchtung, in reifem Zustand schwarze Beeren.

Als Bonsai
Die Sageretie zählt in China zu den klassischen Bonsaiarten. Sie wird dort seit Jahrhunderten gestaltet. Obwohl sie häufig importiert wird und oft besonders preiswert zu bekommen ist, wird sie in unseren Wohnungen sehr anfällig für Pilzerkrankungen wie Mehltau und den Befall durch tierische Schädlinge wie beispielsweise der weißen Fliege.
In der frostfreien Zeit steht die Sageretie am besten im Freien, an einem halbschattigen, luftigen Platz. Den Winter verbringt sie gerne in der Wohnung, in einem Raum, der nicht ständig geheizt wird. Es sollte mindestens eine Nachtabsenkung vorhanden sein. Wird die Pflanze das ganze Jahr in der Wohung gehalten, wirkt sich ein kleiner Ventilator, der über eine Zeitschaltuhr stundenweise eingeschaltet werden kann, positiv auf ihre Widerstandsfähigkeit aus.
Frisch importierte Sageretien stehen in der Regel in einer sehr lehmigen Erde, die in unserem Kilma zur Kultur von Pflanzen ungeeignet ist. Die Erde wird im nächsten Frühjahr durch Lehmgranulat und später durch Bonsai-Erde ersetzt. Diese kann aus Lehmgranulat, Sand und Pikiererde im Verhältnis von 2 : 1 : 1 bestehen.
Alle 1–2 Jahre wird das Pflanzsubstrat zu zwei Dritteln ausgetauscht. Gleichzeitig kann die Wurzel zurückgeschnitten werden; die beste Zeit hierzu ist das zeitige Frühjahr. Die Pflanze sollte gleichmäßig feucht gehalten werden. Der Wasserverbrauch kann an der Erdoberfläche abgelesen werden. Ist diese leicht trocken, wird gegossen. Bei der Sageretie kann abgestandenes Leitungswasser verwendet werden, wenn sie jährlich neue Erde erhält.
Zur Erhaltung ihrer Gesundheit sind regelmäßige Düngergaben unerläßlich. Je mehr Lehm die Erde enthält, um sie mehr muß gedüngt werden. Es kann organischer, bei vorsichtiger Anwendung auch mineralischer Dünger in Abständen von 2–4 Wochen, je nach Jahreszeit, gegeben werden.

Gestaltung
Obwohl es sich um ein chinesisches Gehölz handelt, kann die Sageretie natürlich auch nach den japanischen Stilarten gestaltet werden. Es gibt keine Form, die nicht möglich wäre.

Drahten
Bis zu zweijährige Äste lassen sich noch leicht drahten. Ältere Äste werden spröde und bre-

chen leicht. Manche dieser Zweige lassen sich aber noch durch Spannen in die gewünschte Richtung bringen.

Rückschnitt

Jungpflanzen lassen sich auch ohne Draht, nur durch gezielten Rückschnitt formen. Bei Pflanzen, die sich noch in der Entwicklung befinden, kann ab einer Trieblänge von 10–15 cm auf 1–5 Blätter, eingekürzt werden. Ältere, ausgereifte Bäume werden früher zurückgeschnitten.

Pflanzenbeschaffung

Die schwarzen Früchte werden zerdrückt und ein paar Tage in Wasser gelegt. Dann läßt sich das Fruchtfleisch leicht entfernen und man kann direkt aussäen. Das Saatgefäß wird an einem warmen Platz aufgestellt. Üblich und sehr erfolgreich ist die Stecklingsvermehrung. Gesteckt werden leicht verholzte, etwa 5–7 cm lange Aststücke.

Bewurzelungshormone sind nicht notwendig, verkürzen aber die Zeit bis zur ersten Wurzelbildung.

Jungpflanzen sind nur selten zu bekommen. Ältere, oft kaum gestaltete Pflanzen, die im Freilandbereich als Rohpflanzen bezeichnet würden, werden sehr oft schon als Bonsai angeboten. Sie sind sowohl in Gartencentern, Baumärkten als auch im Bonsai-Fachhandel zu finden.

Sageretie, ca. 5 Jahre, Höhe ca. 20 cm, typische Importpflanze aus China.

Juni-Schnee
(Serissa foetida)

Der Juni-Schnee stammt aus Asien. Hier sind einige Zuchtformen mit unterschiedlicher Blatt- und Blütenfärbung bekannt. Die nur 1 cm langen gegenständigen, länglich ovalen Blätter sind bei der Wildform dunkelgrün. Die im Juni meist sehr zahlreich erscheinenden kleinen Blütchen variieren von weiß über rosa bis violett. Die dünne Borke der Äste blättert fasrig ab.

Als Bonsai
Wegen ihrer Blütenpracht ist diese Pflanze als Bonsai sehr beliebt und wird auch sehr häufig angeboten. Oft wird sie verschenkt. Trotzdem ist sie für den Bonsai-Anfänger völlig ungeeignet. Auf Dauer halten sich auch bei erfahrenen Bonsai-Freunden oft nur ältere Exemplare.
Der Juni-Schnee wünscht sich das ganze Jahr hindurch möglichst gleichbleibende Verhältnisse. Auf Veränderungen reagiert er mit Blattabwurf. Als Standort eignet sich am besten ein heller, vor Mittagssonne geschützer Platz, der sich im Sommer auch im Freien, den Winter über in einem ungeheizten oder wenig geheizten Raum befinden kann. Das Pflanzsubstrat sollte nicht zu feinkörnig sein. Es eignet sich zum Beispiel eine Mischung aus AKADAMA, feinem Kies, und Pikiererde im Verhältnis von 2 : 1 : 1. Frisch importierte Pflanzen stehen häufig in wenig durchlässigem Lehm. Bei unseren Klimaverhältnissen ist dieses Substrat auf Dauer ungeeignet und sollte im nächsten Frühjahr mindestens zu 2 Dritteln bei gleichzeitigem Rückschnitt ausgewechselt werden. Der Übergang ins neue Substrat wird am besten vertragen, wenn dieses zu einem hohen Teil oder ganz aus Lehmgranulat besteht. Alle 2 Jahre wird auch bei älteren Pflanzen das Substrat zum Teil erneuert. Zum Gießen sollte Regenwasser oder anderes salzarmes Wasser verwendet werden. Die Pflanzerde sollte möglichst gleichmäßig feucht gehalten werden. Kurzzeitige Ballentrockenheit wird in der Regel mit Blattabwurf beantwortet. Gedüngt wird reichlich mit organischem Bonsai-Dünger vom Frühjahr bis zum Herbst. Je mehr Lehm das Substrat enthält, um so mehr Nährstoffe werden benötigt. Im Winter ist der Nährstoffbedarf an kühlen Standorten gering.
Der Juni-Schnee ist sehr frohwüchsig. Nach jedem Rückschnitt treibt er innerhalb weniger Wochen neu aus. Im Winter wirkt sich ein mit Wasser und Hydrogranulat gefülltes Tablett, auf das die Pflanze gestellt wird, positiv auf deren Gesundheit aus.

Gestaltung
Häufig ist der Juni-Schnee in der Wurzelform, der Besenform, der Aufrechten Form oder als Mehrfachstamm gestaltet. Es sind jedoch auch andere Stilarten denkbar.

Drahten
Bei der Gestaltung ist ein Drahten oft nicht zu vermeiden, da der Austrieb in der Regel direkt nach oben gerichtet ist. Ein-und zweijährige Äste lassen sich leicht gedrahtet in Form bringen. Ältere Äste können auch gespannt werden. Vorsicht: Ältere Äste brechen leicht. Da das Dickenwachstum nicht sehr ausgeprägt ist, kann Draht länger als bei anderen Pflanzen am Baum bleiben.

Rückschnitt
Junge Pflanzen schneidet man nach der Blüte ab einer Trieblänge von 10–20 cm zurück, ältere Pflanzen auch früher. Je nach Entwicklungsstand der Pflanze und je nach Stellung des betreffenden Astes in der Krone nimmt man den Neuaustrieb bis auf 1–5 Blattpaare zurück.
Bei einer Grundgestaltung kann auch bis ins alte Holz zurückgeschnitten werden. Größere Schnittstellen sollten mit einem Wundverschlußmittel behandelt werden.

Pflanzenbeschaffung
Samen sind nicht oder nur schwer zu bekommen. Durch Stecklinge läßt sich der Juni-Schnee jedoch leicht vermehren. Im Handel ist er häufig und in allen Altersstufen und Wuchsformen erhältlich.

Junischnee, ca. 8 Jahre, Höhe 40 cm, Chinaimport.

Chinesische Ulme
(Ulmus parvifolia)

Als Chinesische Ulmen werden verschiedene, sehr ähnliche, aus Asien stammende Gehölze bezeichnet, die in subtropischem Klima zu Hause sind. Sie alle entwickeln kleine, derbe ovale, dunkelgrüne, wechselständige Blätter. Der Stamm zeigt meist eine dunkelgraue Farbe und wird im Alter mehr oder weniger borkig. Die Pflanzen sind nur wenig frostresistent.

Als Bonsai
Wegen ihrer Robustheit und Zähigkeit hat sich die Chinesische Ulme im Zimmer-Bonsai-Bereich durchgesetzt. Pflegefehler und auch Schädlingsbefall (hauptsächlich Spinnmilben) werden, wenn sie rechtzeitig erkannt werden, meist überstanden. Eine Entwicklung zu einem guten Bonsai ist allerdings in der Wohnung auf Dauer nur zu erreichen, wenn die Pflanze im Winter in einem ungeheizten Raum stehen kann und das ganze Jahr über optimale Lichtverhältnisse bei nicht zu trockener Luft angeboten werden.
Der Standort sollte das ganze Jahr hindurch hell und stundenweise sonnig sein. Die heiße Mittagssonne direkt hinter der Fensterscheibe wird nicht immer gut vertragen. Deshalb kann ein Sonnenschutz in dieser Zeit vorteilhaft sein. Nach den letzten Frühjahrsfrösten gedeiht sie bis zum Herbst auch sehr gut im Freien. Dort verträgt sie auch ganztägige direkte Sonneneinstrahlung, wenn sie an diese langsam gewöhnt wird. Starken Wind und kräftige Regengüsse sorgen für die Entwicklung eines kräftigen widerstandsfähigen Blattes. Im Winter wird sie in einem ungeheizten Raum an die hellste Stelle plaziert. Den Winter über sollte die Chinesische Ulme möglichst wenig wachsen. Als Pflanzsubstrat kann ein Gemisch aus Lehmgranulat, Sand und Pikiererde im Verhältnis von 2:1:1. Andere gut wasserdurchlässige Substrate sind auch üblich und werden gut vertragen. Alle 1–3 Jahre werden 2 Drittel der Pflanzerde ausgetauscht. Gleichzeitig kann ein kräftiger Wurzelschnitt erfolgen. Zum Wässern kann auch normales Leitungswasser verwendet werden, wobei auch hohe Härtegrade toleriert werden.
Wegen ihrer relativ hohen Salzverträglichkeit kann sowohl organischer als auch mineralischer Bonsai-Dünger verwendet werden. Gedüngt wird zwischen Februar und September so häufig wie es auf der Packung angegeben ist. Im Winter reichen monatliche Düngergaben.

Gestaltung
Als Anhaltspunkt für eine Gestaltung können alle bekannten Stilarten dienen. Die Chinesische Ulme läßt sich wegen ihres üppigen Wachstums und der wechselständigen Blattstellung allein durch gezielten Rück-

schnitt in die gewünschte Form bringen. Soll eine ältere Pflanze überarbeitet oder das erste Mal gestaltet werden, muß dies allerdings in der Regel mit Hilfe von Draht geschehen.

Drahten

Junge Zweige, bis Bleistiftdicke, lassen sich noch drahten. Kräftigere Äste werden gespannt um die empfindliche Rinde nicht zu beschädigen.

Rückschnitt

Ab einer Trieblänge von 10 cm können jüngere noch zu entwikkelnde Pflanzen zurückgeschnitten werden. Bereits ausgereifte Ulmen-Bonsai werden früher zurückgenommen. Je nach Entwicklungsstand und Stellung des Astes in der Krone wird auf 1–5 Blätter reduziert.
Sollen in Zuge einer Neugestaltung kräftige Äste entfernt werden, erfolgt dies am besten zwischen April und Juli. Gut versorgte größere Schnittstellen wachsen in dieser Zeit besonders gut zu.

Pflanzenbeschaffung

Saatgut ist bei uns nicht im Handel. Allerdings ist die Pflanze leicht durch Stecklinge zu vermehren. Ältere Pflanzen werden im Handel in verschiedenen Alters- und Entwicklungsstufen regelmäßig angeboten.

Chinesische Ulme, ca. 30 Jahre; Sammlung Nikos Amanatidis.

Register